快乐读书吧

灰尘的旅行

四年级

高士其 / 著　爱德教育 / 编

山西出版传媒集团

山西人民出版社

图书在版编目（CIP）数据

灰尘的旅行 / 高士其著；爱德教育编． -- 太原：
山西人民出版社，2023.11（2024.12 重印）
ISBN 978-7-203-13107-6

Ⅰ．①灰… Ⅱ．①高… ②爱… Ⅲ．①细菌—少儿读
物 Ⅳ．① Q939.1-49

中国国家版本馆 CIP 数据核字 (2023) 第 198988 号

灰尘的旅行
HUICHEN DE LÜXING

著　　者：高士其
编　　者：爱德教育
责任编辑：薛正存
复　　审：李　鑫
终　　审：贺　权
装帧设计：爱德教育

出　版　者：山西出版传媒集团·山西人民出版社
地　　址：太原市建设南路 21 号
邮　　编：030012
发行营销：0351 - 4922220 4955996 4956039 4922127（传真）
E - m a i l：sxskcb@163.com　发行部
　　　　　　sxskcb@126.com　总编室
网　　址：www.sxskcb.com

经　销　者：山西出版传媒集团·山西人民出版社
承　印　厂：武汉市新华印刷有限责任公司

开　　本：710mm×1000mm　1/16
印　　张：13
字　　数：150 千字
版　　次：2023 年 11 月　第 1 版
印　　次：2024 年 12 月　第 4 次印刷
书　　号：ISBN 978-7-203-13107-6
定　　价：26.00 元

如有印装质量问题请与本社联系调换

前 言

　　新版语文教材和《义务教育语文课程标准》对学生的课外阅读给予高度重视，这提示我们，阅读课外书不再是语文学习中可有可无的要求，而是学生学好语文和提高语文素养的关键，也是学好其他各门学科的基础。

　　因此，我们将本套丛书中涉及的阅读方法，按照低、中、高年级三个学段进行了梳理。

年 级	阅读方法
低年级 （一、二年级）	1.学会以下阅读方法： （1）学会识读封面：识读书名、作者，借助封面上的书名和图画，了解书中的大概内容。 （2）学会看目录：借助目录，初步了解书中各章节的内容，挑选自己喜欢的内容进行阅读。 （3）学会看插图：观察插图，直观地了解书中的人物和情节。
	2.积累好词、好句。
	3.简单认识人物，了解故事情节。
中年级 （三、四年级）	1.了解童话、寓言、神话、科普著作等不同体裁的特征。 （1）童话：阅读童话时，要充分发挥想象，感悟生活的真谛，领悟做人的道理。 （2）寓言：阅读寓言时，要先读懂故事内容，再联系生活实际，体会寓言所揭示的道理。

中年级 （三、四年级）	（3）神话：阅读神话时，要了解故事的起因、经过、结果，学习把握主要内容，感受神话中神奇的想象和鲜明的人物形象。 （4）科普著作：用批注的形式列出举例子、列数字、打比方、作比较、下定义、分类别、作引用等说明方法，梳理说明的内容结构。
	2. 了解人物性格，梳理故事情节。
	3. 学会作批注。
	4. 摘抄书中的好词、好句、好段，并说出理由。
	5. 写读后感。
高年级 （五、六年级）	1. 了解民间故事和章回体小说的文体特征。
	2. 学会建立小说中主要人物的档案。
	3. 学会理清人物关系，制作人物关系图谱。
	4. 梳理故事情节，学会建立情节档案。
	5. 学会作批注，做读书笔记（摘抄）。
	6. 学会写读后感。

为了让学生快速掌握以上阅读方法，我们选取具有代表性的经典内容，将这些阅读方法穿插其中。

我们衷心祝愿，每一个阅读这套丛书的学生都能学会阅读、爱上阅读，从而培养良好的阅读习惯、健康的人格和独立思考的能力。

目　录

科学童话：菌儿自传

科学小品：细菌与人

科学趣谈：细胞的不死精神

科学童话：菌儿自传

阅 读 指 导

　　细菌是菌族里面最小最轻的一种，小得连我们的肉眼都无法看见。在本章中，细菌以"菌儿"自称，小小的"菌儿"究竟是怎样的？它从哪里来？有哪些特点？它分别去了哪些地方旅行，发生了哪些有趣的事情？让我们一起走进细菌王国，去探寻细菌的秘密吧！

我的名称

　　这一篇文章，是我老老实实的自述，请一位曾直接和我见过几面的人笔记出来的。

　　我自己不会写字，写出来，就是蚂蚁也看不见。

　　我也不曾说话，就有一点儿声音，恐怕苍蝇也听不到。

　　那么，这位笔记的人，怎样接收我心里所要说的话呢？

　　那是暂时的一种秘密，恕我不公开吧。

　　闲话少讲，且说我为什么自称作"菌儿"。

字词释义，
"笔记"在此处指用笔记录。

我原想取名为微子，可惜中国的古人已经用过了这名字，而且我嫌"子"字有点儿大人气，不如"儿"字谦卑。

自古中国的皇帝，都称为天子。这明明要挟老天爷的声名架子，以号召群众，使小百姓们吓得不敢抬头。古来的圣贤名哲，又都好称为子，什么老子、庄子、孔子、孟子……真是"子"字未免太名贵了，太大模大样了，不如"儿"字来得小巧而逼真。

我的身躯，永远是那么幼小。人家由一粒"细胞"出身，能积成几千、几万、几万万。细胞变成一根青草、一棵白菜、一株挂满绿叶的大树，或变成一条蚯蚓、一只蜜蜂、一只大狗、一头大牛，乃至于大象、大鲸，看得见，摸得着。我呢，也是一粒细胞出身，虽然分得格外快，格外多，但只恨它们不争气，不团结，所以变来变去，总是那般一盘散沙似的，孤单单的，一颗一颗，又短又细又寒酸。惭愧惭愧，因此今日自命作"菌儿"。为"儿"的原因，是因为小。

至于"菌"字的来历，实在很复杂，很渺茫。屈原所作《离骚》中，有这么一句：

举例子，以古代圣贤的名字为例，说明"子"字的"名贵"。

对比，将多细胞生物与单细胞的细菌进行对比，说明细菌的微小。

"杂申椒与菌桂兮，岂维纫夫蕙茝。"这里的
"菌"，是指一种香木。这位失意的屈先生，
拿它来比喻贤者，以讽刺楚王。我的老祖
宗，有没有那样清高，那样香气熏人，也无
从查考。

作诠释，解
释了"菌"字所指
代的事物及其在
诗句中的含义。

不过，现代科学家都已承认，菌是生物
中之一大类。菌族菌种，很多很杂，菌子菌
孙，布满地球。你们人类所最熟识者，就是
煮菜煮面所用的蘑菇、香蕈（xùn）之类，那
些像小纸伞似的东西，黑圆圆的盖，硬短短
的柄，实是我们菌族里的大汉。当心呀！勿
因味美而忘毒，那大菌，有的很不好惹，会
毒死你们贪吃的人呀。

至于我，我是菌族里最小最小、最轻最
轻的一种。小得使你们肉眼看得见灰尘的纷
飞，看不见我们也夹在里面飘游。轻得我们
好几十万挂在苍蝇脚下，它也不觉着重。真
的，我小得还不到苍蝇眼睛的千分之一，轻
得还不到一粒灰尘的百分之一哩。

对比，我们
的肉眼看得见灰
尘，却看不见菌
儿，说明菌儿比
灰尘还要小，突
出了菌儿的微小。

因此，自我的始祖，一直传到现在，在
生物界中，混了这几千万年，没有人知道有
我。大的生物，都没有看见过我，都不知道

我的存在。

不知道也罢，我也乐得过着逍遥自在的生活，没有人来搅扰。天晓得，后来，偏有一位异想天开的人，把我发现了，我的秘密，就渐渐地泄露出来，从此多事了。

这消息一传到众人的耳朵里，大家都惊惶起来，觉得我比黑暗里的影子还可怕。然而始终没有和我当面会见过，仍然是莫名其妙，恐怖中总带着半信半疑的态度。

"什么'微生虫'？没有这回事，自己受了风，所以肚子痛了。"

"哪里有什么病虫？这都是心火上冲，所以头上脸上生出疖（jiē）子、疔（dīng）疮来了。"

"寄生虫就说有，也没有那么凑巧，就爬到人身上来，我看，你的病总是湿气太重的缘故。"

这是我亲耳听见三位中医对于三位病家所说的话。我在旁暗暗地好笑。

他们的传统观念，病不是风生，就是火起，不是火起，就是水涌上来的，而不知冥冥之中还有我在把持活动。

字词释义。
"半信半疑"指有些相信，又有些怀疑。

古人对细菌、病毒等缺乏认知，把人们生病的原因盲目地归结为风生、火起、水涌。

灰尘的旅行 **5**

因为冥冥之中，他们看不见我，所以又疑云疑雨地叫道："有鬼，有鬼！有狐精，有妖怪！"

其实，哪里来的这些魔物，他们所指的，就是我，而我却不是鬼，也不是狐精，也不是妖怪。我是真真正正、活活现现、明明白白的一种生物，一种最小最小的生物。

既是生物，为什么和人类结下这样深的大仇，天天害人生病，时时暗杀人命呢？

说起来也话长，真是我有冤难申，在这一篇自述里面，当然要分辩个明白，那是后文，暂搁不提。

因为一般人，没有亲见过，关于我的身世，都是出于道听途说，传闻失真，对于我未免胡乱地称呼。

虫，虫，虫——寄生虫，病虫，微生虫，都有一个字不对。我根本就不是动物的分支，当不起"虫"字这尊号。

称我为寄生物，为微生物，好吗？太笼统了。配得起这两个名称的，又不止我这一种。

唤我作病毒吗？太没有生气了。我虽

小，仍是有生命的啊！

病菌，对不对？那只是我的罪名，病并不是我的职业，只算是我非常时的行动，真是对不起。

是了，是了，微菌是了，细菌是了。那固然是我的正名，却有点儿科学绅士气，不合乎大众的口头语，而且还有点儿西洋气，把姓、名都颠倒了。

菌是我的姓。我是菌中的一族。

菌字，口之上有草，口之内有禾。以后你们如果有机缘和我见面，请不必大惊小怪，从容地和我打一个招呼，叫声菌儿好吧！

我的籍贯

我们姓菌的这一族，多少总不能和植物脱离关系罢。植物是有地方性的。这也是为着气候的不齐。热带的树木，移植到寒带去，多活不成。你们一见了芭蕉、椰子之面，就知道是从南方来的。荔枝、龙眼的籍贯是广东与福建，谁也不能否认。

設问，以自问自答的形式告诉读者，"寄生物""微生物""病毒""病菌"，这些都不是对菌儿正确的称呼。

举例子，用"热带植物移植到寒带不易存活"的例子告诉我们，植物的生长具有地域性。

我菌儿却是地球通，不论是地球上哪一个角落里，只要有一些水汽和"有机物"，我都能生存。

我本是一个流浪者。

像西方的吉卜赛民族，流荡成性，到处为家。

像东方的游牧部落，逐着水草而搬移。

又像犹太人，没有了国家，散居异地谋生，都能各自繁荣起来，世界上大富之家，不多是他们的子孙吗？

这些人的籍贯，都很含混。

我又是大地上的"清道夫"，替大自然清除腐物烂尸，全地球都是我工作的区域。

我随着空气的动荡而上升。有一回，我正在天空4000米之上飘游，忽而遇见一位满面都是胡子的科学家，驾着氢气球上来追寻我的踪迹。那时我身轻不能自主，被他收入一只玻璃瓶子里，带到他的实验室里去受罪了。

我又随着雨水的浸润而深入土中，但时时被大水所冲洗，洗到江河湖沼里面去了。那里的水，我真嫌太淡，不够味儿，往往不

叙述说明，只要满足一定条件，细菌在地球上的任何地方都能生存。

比喻，将细菌比作"清道夫"，生动形象地展现出细菌具有清除地球上腐物烂尸的作用。

能得一饱。

犹幸我还抱着一个很大的希望：希望娘姨大姐、贫苦妇人，把我连水挑上去淘米洗菜，洗碗洗锅；希望农夫工人等劳动大众，把我一口气喝尽了；希望由各种不同的途径，到人类的肚肠里去。

人类的肚肠，是我的天堂，

在那儿，没有干焦冻饿的恐慌，

那儿只有吃不尽的食粮。

然而事情往往不如意料的美满，这也只好怪我自己太不识相了，不安分守己，饱暖之后，又肆意捣毁人家肚肠的墙壁，于是乱子就闹大了。那个人的肚子，觉着一阵阵的痛，就要吞服蓖（bì）麻油之类的泻药，或用灌肠的手法，不是油滑，便是稀散，使我立足不定，这么一泻，就泻出肛门之外了。

从此我又颠沛流离，如逃难的灾民一般，幸而不至于饿死，辗转又归到土壤了。

初回到土壤的时候，一时寻不到食物，就吸收一些空气里的氮（dàn）气，以图暂饱。有时又把这些氮气化成了硝酸盐，直接

字词释义，

"颠沛流离"指生活艰难，四处流浪。

和豆科之类的植物换取别的营养料。有时遇到了鸟兽或人的尸身，那是我的大造化，够我几个月乃至几年享用了。

天晓得，20世纪以来，美国的生物学者，渐渐注意到伏于土壤中的我。有一次，我被他们掘起来，拿去化验了。

我在化验室里听他们谈论我的来历。

有些人就说，土壤是我的家乡。

有的以为我是水国里的居民。

有的认为我是空气中的浪子。

又有的称我是他们肚子里的老主顾。

各依各人的试验所得而报告。

其实，不但人类的肚子是我的大菜馆，人身上哪一块不干净，哪一块有裂痕伤口，哪一块便是我的酒楼茶店。一切生物的身体，不论是热血或冷血，也都是我求食借宿的地方。只要环境不太干、不太热，我都可以生存下去。

干莫过于沙漠，那里我是不愿去的。埃及古代帝王的尸体，之所以能保藏至今而不坏，也就为着我不能进去的缘故。干之外再加以防腐剂，我就万万不敢去了。

热到了 60℃以上，我就渐渐没有生气，一旦到了 100℃的沸点，我就没有生望了。我最喜欢暖血动物的体温，那是在 37℃左右。

列数字，细菌在不同温度下所呈现出的生存状态也不同。

热带的区域，既潮湿又温暖，所以我在那里最惬意、最恰当。因此又有人认为我的籍贯大约是在热带。

最后，有一位欧洲的科学家站起来说，我应属于荷兰籍。

说这话的人以为，在 17 世纪以前，人类始终没有看见过我，而后来发现我的地方，却在荷兰德尔夫市政府的一位看门老头子的家里。

"看门老头子"指荷兰科学家安东尼·范·列文虎克。

这事情发生于公元 1675 年。

这位看门先生是制显微镜的能手。他所制的显微镜，都是单用一片镜头磨成，并不像现代的复式显微镜那么笨重而复杂，而他那些镜头的放大力，却也不弱于现代科学家所用的。我是亲尝过这些镜头的滋味，所以知道得很清楚。

这老头儿，在空闲的时候，便找些小东西，如蚊子的眼睛、苍蝇的脑袋、臭虫的刺、跳蚤的脚、植物的种子，乃至于自己身上的皮屑之类，放在镜头下聚精会神地细看，那时我也夹杂在里面，有好几番都险些被他看出来了。

但是，不久，我终于被他发现了。

有一天，是雨天吧，我就在一小滴雨水里面游泳，谁想到这一滴雨水，就被他寻去放在显微镜下看了。

他看见了我在水中活动的影子，就惊奇起来，以为我是从天而降的小动物，他看了又看，疯狂似的。

又有一次，他异想天开，把自己的齿垢刮下一点点来细看，这一看非同小可，我的原形都现于他的眼前了。原来我时时都伏在那齿缝里面，想分吃一点儿"入口货"，这一次是我的大不幸，竟被他捉住了，使我族几千万年以来的秘密，一朝泄露于人间。

我在显微镜底下，东跳西奔，没处藏身，他眼也看红了，我身也疲乏了，一层大大厚厚的水晶上，映出他那灼（zhuó）灼如火如电的目光，着实可怕。

后来他还将我画影图形，写了一封长长的信，报告给伦敦"英国皇家学会"，不久消

将细菌在雨水中运动的样子写成了"游泳"，此处描写既生动又有趣。

字词释义，"灼灼"形容明亮。

息就传遍了全欧洲，所以至今欧洲的人，还有以为我是荷兰籍者。这是错以为发现我的地点就是我的发祥地。

老实说，我就是这边住住，那边逛逛；飘飘然而来，渺渺然而去，到处是家，行踪无定，因此籍贯实在有些决定不了。

然而我也不以此为憾。鲁迅的阿Q，那种大模大样的乡下人籍贯尚且有些渺茫，何况我这小小的生物、素来不大为人们所注视，又哪里有记载可寻，历史可据呢！

不过，我既是造物主的作品之一，生物中的小玲珑，自然也有个根源，不是无中生有，半空中跳出来的，那么，我的籍贯，也许可从生物的起源这问题上，寻出端绪来吧。但这问题并不是一时所能解决的。

最近，科学家用电子显微镜和科学装备，发现了原始生物化石。他们在非洲南部距今31亿年前太古代地层中，找到了长约0.5微米的杆状细菌遗迹，据说这是最古老的细菌化石。那么，我们菌儿祖先确是生物界原始宗亲之一了。这样，我的原籍就有证据可查了。

字词释义，"微米"是长度单位，1微米=0.001毫米。

列数字，通过数字说明细菌在地球上出现的时间之早。

我的家庭生活

我正在水中浮沉，空中飘零，

听着欢腾腾一片生命的呼声，

欢腾腾赞美自然的歌声；

忽然飞起了一阵尘埃，

携着枪箭的人类陡然而来，

生物都如惊弓之鸟四散了。

逃得稍慢的都一一遭难了。

有的做了刀下之鬼，有的受了重伤；

有的做了终身的奴隶，有的饱了饥肠。

大地上满是呻吟挣扎的喊声，

一阵阵叫我不忍卒听尖锐的哀鸣。

我看到不平事落荒而走。

我因为短小精悍，容易逃过人眼，就悄悄地度过了好几万载，虽然在 17 世纪的临了，被发觉过一次，幸而当时欧洲的学者都当我是科学的小玩意儿，只在显微镜上瞪瞪眼，不认真追究我的性状，也就没有什么过不去的事了。

又挨过了两个世纪的辰光，法国出了一位怪学究，毫不客气地怀疑我是疾病的元

这位法国的"怪学究"指的是法国著名科学家路易斯·巴斯德，我们所熟知的"巴氏消毒法"就是由他发明的。

凶，要彻底清查我的罪账。

无奈呀，我终于被囚了！

被囚入那无情的玻璃小塔了！

我看他那满面又粗又长的胡子，真是又惊又恨，自忖（cǔn），这是我的末日到了。

也许因为我的种子繁多，不易杀尽，也许因为杀尽了我，断了线索，扫不清我的余党，于是他就暂养着我这可怜的薄命，在实验室的玻璃小塔里。

在玻璃小塔里，气候是和暖的，食物是源源供给的，有如许的便利，一向流浪惯的我，也顿时觉着安定了。从初进塔门到如今，我足足混了六十余年的光阴，因此这一段的生活，从好处着想，就说是我的家庭生活吧。

家庭生活是和流浪生活对立而言的。

然而，这玻璃小塔于我，仿佛也似笼之于鸟，瓶之于花，是牢狱的家庭，家庭的牢狱，有时竟是坟墓了，真是上了科学先生的当了。

虽说上当，毕竟还有一线光明在前面，也许人类和我的误会，就由这里进而化解了。

科学家抓住菌儿后，为什么不杀死它，而是把它暂养起来？一起往下看吧。

打比方，用"笼子和鸟""瓶子和花"之间的关系，说明了细菌在玻璃小塔之中的不自由。

把牢狱当作家庭，

把怨恨当成爱怜，

把误会化为同情，

对付人类只有这办法。

这玻璃小塔，是亮晶晶、透明的、一尘不染、强酸不化、烈火不攻、水泄不通、薄薄的玻璃制成的。只有塔顶那圆圆的天窗可以通气，又被塞满了棉花。

说也奇怪，这塔口的棉花塞，虽有无数细孔，气体可以来往自如，却像《封神榜》里的天罗地网，《三国演义》里的八卦阵，任凭我有何等通天的本领，一冲进里面，就被绊倒了，迷了路，逃不出去，所以看守我的人，是很放心的。

过惯了户外生活的我，对于实验室中的气温，本来觉着很舒适，但有时刚从人畜的身内游历一番，回来就嫌太冷了。

于是实验室里的人，又特别为我盖了一间暖房，那房中的温度和人的体温一样，门口装有一只按时计温的电表，表针一离了37℃的常轨，看守的人就来拨拨动动，调理

细菌喜欢37℃左右的温度，科学家们为了更好地研究细菌，时刻注意着暖房的温度。

调理，总怕我受冷。

记得有一回，胡子科学先生的一个徒弟，带我下乡去考察，还要将这玻璃小塔密密地包了，存入内衣的小口袋，用他的体温，温暖我的身体，总怕我受冷。

科学先生给我预备的食粮，色样众多。大概他们试探我爱吃什么，就配了什么汤，什么膏，如牛心汤、羊脑汤、糖膏、血膏之类。还有一种海草，叫作"琼（qióng）脂"，是常用作底子的，那我是吃不动，摆着做样子，好看一些罢了。

他们又怕不合我的胃口，加了盐又加了酸，煮了又滤，滤了又煮，消毒了又消毒，有时还掺入或红或蓝的色料，真是处处周到。

我是著名的吃血小霸王，但我嫌那生血的气焰太旺，死血的质地太硬，我最爱那半生半熟的血。于是实验室里的大司务，又将那鲜红的血膏，放在不太热的热水里烫，烫成了美丽的巧克力色。这是我最精美的食品。

然而，不料，有一回，他们竟送来了一种又苦又辛的药汤给我吃了。这据说是为了

出于研究的目的，科学先生在饮食上也相当"照顾"细菌。

此处介绍了细菌爱吃血，而且最爱吃半生半熟的血的特点。

要检查我身体的化学结构而预备的。那药汤是由各种单纯的、无机和有机的化合物，含有细胞所必需的十大元素配合而成。

那十大元素是一切生物细胞的共有物。

碳为主；氢、氧、氮副之；钾、钙、镁、铁又其次；磷（lín）和硫居后。

我的无数种子里面，各有癖好，有的爱吃有机之碳，如蛋白质、淀粉之类；有的爱吃无机之碳，如二氧化碳、碳酸盐之类；有的爱吃阿莫尼亚之氮；有的爱吃亚硝酸盐之氮；有的爱吃硫；有的爱吃铁。于是科学先生各依所好，酌量增加或减少各元素的成分，因此那药汤，也就不太难吃了。

我的呼吸也有些特别。在平时我固然尽量地吸收空气中的氧，有时却嫌它的刺激性太大，氧化力太强了，常常躲在低气压的角落里，暂避它的锋芒。所以黑暗潮湿的地方我最能繁殖，一件东西将要腐烂，都从底下烂起。又有时我竟完全拒绝氧的输入了，原因是我自己的细胞会从食料中抽取氧的成分，而且来得简便，在外面氧的压力下，反而不能活，生物中不需空气而能自力生存的，恐怕只有我这一种吧。

不幸，这又给饲养我的人，添上一件麻烦了。

我的食量无限大，一见了可吃的东西，就吃个不停，吃完了才罢休。一头大象，或大鲸的尸身，若任我吃，不怕花去五年十载的工夫，也要吃得精光。大地上一切动植物的尸体，都被我这"清道夫"给收拾得干干净净了。

何况这小小玻璃之塔里的食粮，是极有限的。于是亲爱的科学先生又忙了，用白金丝挑了我，搬来搬去，费去了不少的亮晶晶的玻璃小塔，不少的棉花，不少的汤和膏，三日一换，五日一移，只怕我绝食。

最后，他们想了一条妙计，请我到冰箱里去住了。受冰点的寒气的包围，我的细胞缩成了一小丸，没有消耗，也无须饮食，可经数月的饿而不死。这秘密，几时被他们探出了？

在冰箱里，像是我的冬眠。但这不按四时季节的冬眠，随着他们看守者的高兴，又不是出于我的自愿，他们省了财力，累我受

举例子，更加形象地说明了细菌的食量大，吃起东西来不吃完不罢休的特点。

了冻饿，这有些是科学的资本主义者的手段了。

我对于气候寒冷的感觉，和我的年纪也有关系，年纪愈轻愈怕冷，愈老愈不怕，这和人类的感觉恰恰相反。

从前，胡子科学先生和他的大徒弟们，都以为我有不老的精神，永生的力量：说我每20分钟，就变作2个，8小时之后，就变成16000000个，24小时之后，竟有500吨的重量了，那我岂不是不久就要占满全地球了吗？

列数字，通过具体的数字，向读者清晰地呈现出细菌的分裂过程。

现在胡子先生已不在人世，他的徒子徒孙对于我的观感，有些不同了。

他们说我的生活也可以分为少、壮、老三期，这是根据营养的盛衰、生殖的迟速、身材的大小、结构的繁简而定的。

最近，有人提出我的婚姻问题了。我这小小家庭里面，也有夫妻之别，男女之分吧？这问题，难倒了科学先生。他们眼都看花了，意见还都不一致。我也不便直说了。

科学先生的苦心如此，我在他们的娇养之下，无忧无虑，不愁衣食，也"乐不思蜀"了。

但是，他们一翻了脸，要提我去审问，这家庭就宣告破产，而变成牢狱了，唉！

无情的火

我从踏进了玻璃小塔之后，初以为可以安然度日了。

想不到，从白昼到黑夜又到了白昼，刚刚经过了 24 小时的拘留，我正吃得饱饱的，懒洋洋地躺在牛肉汁里，由它浸润着，忽然塔身震荡起来，一阵热风冲进塔中，天窗的棉花塞不见了，从屋顶吊下来一条又粗又长，明晃晃的、热烘烘的白金丝，丝端有一圈环子，救生环似的，把我钩到塔外去了。

我真慌了。我看见那位好生面熟的科学先生，坐在那长长的黑漆的试验桌旁，五六个穿白衫的青年都围着看，一双双眼睛都盯着我。

他放下了玻璃小塔，提起了一片明净的玻璃片，片上已滴了一滴清水，就将右手握着那白金丝上的我，向这一滴水里一送，轻轻地大涂大搅，搅得我的身子乱转。

这一滴水就似是我的大游泳池，一刹那，那池水已自干了。于是，我大难临头了。

我看见那酒精灯上的青光，心里已怦怦地跳了。果然那狠心的科学先生一下子，就把我往火焰上穿过了三次，使那冰凉的玻璃片，立时变成热烫热烫的火床了。我身上的油衣都脱化了。烧得我的细胞焦烂，死去活来，终于是晕倒不省"菌"事了。

据说，后来那位先生还洗我以酒，浸我以酸，毒我以碘（diǎn）汁，灌我以色汤，使我披上一层黑紫衣，又披上一件大红衣，都是为着便于检查我的身体，认识我的形态起见，而发明了这些曲曲折折的手续。当时我是热昏了，全然不知不觉的，任他们摆弄就是了，又有什么法子想呢？

此后，每隔一天，乃至一星期，我就要被提出来拷问，来受火的苦刑。

火，无情的火，我一生痛苦的经验，多半都是由于和它碰头。

这又引起我早年的回忆了。

动作描写，清晰地展现出科学家观察细菌时的场景。

仿词，不省"菌"事是对不省人事的仿拟之笔，生动地写出了细菌晕倒时的状态。

此处引出了细菌对火的"痛苦回忆"。

我本是逐着生冷的食物而流浪的。这在谈我的籍贯那一章已说得明明白白了。

在太古蛮荒的时代，人类都是茹毛饮血，茹的是生毛，饮的是冷血。那时口关的检查不太严，食道可以随意放行，我也自由自在无阻无碍地，跟着那些生生冷冷的鹿肉呀，羊心呀，到人类的肚肠去了。

自从传说中，不知前第几任的中国帝王，那淘气的燧（suì）人氏，那钻木取火的燧人氏，教老百姓吃熟食以来，我的生计问题曾经发生过一次极大的恐慌。

后来多亏这些老百姓不大认真，炒肉片吧，炒得半生半熟，也满不在乎地吃了。不然就是随随便便地连碗底都没有洗干净就去盛菜，或是留了好几天的菜，味儿都变了，还舍不得吃，这就给我一个"走私""偷运"的好机会。他们都看不出我仍在碗里活动。

热气腾腾的时候，我固然不敢走近；凉风一拂，我就来了。

虽然，我最得力的助手，还是蝇大爷和蝇大娘。

我从肚肠里出来，就遇着蝇大爷。我紧

我们在生活中也要注意食品卫生，肉片要炒熟，碗要洗干净，变质的菜不要吃，不让细菌有机可乘。

紧地抱着他的腰，牢牢地握着他的脚。他嗡的一声飞到大菜间里去了。他扑地一下停落在一碗菜的上面，把身子一摇，把我抛下去了。我忍受着菜的热气，欢喜那菜的香味，又有的吃了。

我吃得很惶惑，抬起头来，听见一位牧师在自言自语：

"上帝呀，万有万能的主啊！你创造了亚当和夏娃，又创造了无数鸟兽鱼虫、花草树木来陪伴他们，服侍他们。你的工作真是繁忙啊！你果真于六天之内造成了这么多的生物吗？你真来得及吗？你第七天以后还有新的作品吗？……

"近来有些学者对于你怀疑了。怀疑有好些小动物都未必是由你的大手挥成。它们都可以自己从烂东西里，自然而然地产生出来。就如苍蝇、萤火虫、黄蜂、甲虫之流，乃至于小老鼠，都是如此产生。尤其是苍蝇，苍蝇的公子哥儿的确是自然而然地从茅厕坑里跳出来的呀！……"

我听了暗暗地好笑。

这是 17 世纪以前的事。那时的人，都

动作描写，"抱""握""摇""抛"等一系列动作，生动形象地表现出苍蝇将细菌带到菜里的情形。

语言描写，牧师对上帝产生质疑，提出了一连串的问题，语言诙谐幽默、富有趣味。

还没有看见过苍蝇大娘的蛋，看见了也不知道是什么。

不久之后，在 1688 年的夏天，有一回，我跟着苍蝇大娘出游，游到了意大利一位生物学先生的书房里。她停落在一张铁纱网的面上，跳来跳去，四处探望。我闻到一阵阵的肉香，不见一块块的肉影。她更着急了，用那一只小脚乱踢，把我踢落到那铁纱网的下边去了。原来肉在这里！

这是这位生物学先生的巧计。防得了苍蝇，却防不了我。小苍蝇虽不见飞进去，而那一锅的肉却依旧酸了烂了。

从此苍蝇的秘密被人类发觉了。为着生计问题，于是我更无孔不钻，无缝不入了。

我也不便屡次高攀苍蝇的贵体，这年头，专靠苍蝇大爷和大娘谋食，是靠不住的呀！于是我也常常在空气中游荡，独自冒险远行以觅食。

有一回，是 1745 年的秋天吧，我到了爱尔兰，飞进了一位天主教神父的家里。他正在热烈的火焰上烧着一大瓶羊肉汤，我闻着羊肉气，心怦怦地动。又怕那热气太高，

字词释义，
"高攀"指跟社会地位比自己高的人交朋友或结成亲戚。

就不敢下手。他煮好了，放在桌上，我刚要凑近，陡然一下，那瓶口又被他紧紧密密地塞上了木塞子。我四周一看，还有个弯弯的大缝隙，就索性挤进去了。

初到肉汤的那一刻，我还嫌太热，但一会儿就温和而凉爽了。一会儿，忽然又热起来了，那肉汤不停地乱滚，滚了一个时辰，这才歇息了。我一上一下地翻腾，热得要死，往外一看，吓得我没命，原来那神父又在火焰上烧这瓶子了。烧了约莫一个钟头的光景。

叙述描写，详细描写了细菌进入羊肉汤中，以及在里面被烧的情形。

我幸而没有被烧死，逃过了这火关，就痛快地大吃了一顿，把这一瓶清清的羊肉汤搅浑得不成样子了，仿佛是乱云飞絮似的上下浮沉。那阔嘴的神父，看了又看，又挑了一滴放在显微镜下再看，看完之后，就大吹大擂起来了。他说：

比喻，将细菌在羊肉汤中的情形比作"乱云飞絮"，生动形象，富有趣味。

"我已经烧尽了这瓶子里的生命，怎么又会变出这许多来了？这显然是微生物会从羊肉汤里自然而然地产生出来呀！"

我听了又好气又好笑。

这样糊里糊涂地又过了24年。

到了 1769 年的冬天，从意大利又发出反对这种"自然发生说"的呼声，这是一位秃头教士的声音。他说：

语言描写，秃头教士的话揭示了阔嘴神父实验失败的原因。

"那爱尔兰神父的试验不精准，塞没有塞好，烧没有烧透，那木塞子是不中用的，那 1 个小时是不够用的。要塞，不如密不透风地把瓶口封住了。要烧，就非烧到 1 小时以上不可。要这样才……"

我听了这话，吃惊不小，叫苦连天。

一则有绝食的恐慌；二则有灭身的惨祸。

这是关于我的起源的大论战。教士与神父怒目，学者和教授切齿。他们起初都不能决定我出身何处，起家哪里，从不知道或腐或臭的肉啊，菜啊，都是我吃饱了的成绩。他们却瞎说瞎猜，造出许多科学的谣言来，什么"生长力"呀，什么"氧化作用"呀，一大堆的论文，其实那黑暗的主动者就是我，都是我，只有我！

引喻，用诸葛亮和周瑜定计破曹操的故事，引出科学家们纷纷选择用火来烧细菌的行为。

仿佛又像诸葛亮和周瑜定计破曹操似的，这些科学的军师们，一个个的手掌心，都不约而同地写着"火"字。他们都用火来攻我，用火来打破这微生物的谜。

火，无情的火，真害我菌儿死得好苦啊！

这乱子一直闹了一个世纪，一直闹到了1864年的春天，这才给那位著名的胡子科学先生的试验，完完全全地解决了。

说起来也话长，这位胡子先生真有了不起的本事，真是细菌学军营里的姜子牙。我这里也不便细谈他的故事了。

单说有一天吧，这一天我飘到了他的实验室里了。他的实验室我是常光顾的。这一次却没有被请，而是我独立闲散地飞游而来了。

我看见满桌上排着二三十瓶透明的黄汤，有肉香，有甜味。那每一只的瓶颈，都像鹤儿的颈子一般，细细长长地弯了那么一大弯，又昂起头来。我禁不住地就从一只瓶口扬长地飞进去了。可是，到了瓶颈的半路，碰了玻璃之壁，又滑又腻的壁，费尽气力也爬不上去，真是苦了我，罢了罢了！

那胡子科学先生一天要跑来看几十次，看那瓶子里的黄汤仍是清清明明的，阳光把

比喻，将瓶颈比喻成鹤儿的颈子，形象地描绘出了玻璃瓶的外观。

窗影射在上面，显得十二分可爱，他脸上现出一阵一阵的微笑。

这一着，他可把"自然发生说"的饭碗，完全打翻了。为的是我不得到里面去偷吃，那肉汤，无论什么汤，就不会坏，永远都不会坏了。

于是，他疯狂似的，携着几十瓶的肉汤，到处寻我，到巴黎的大街上，到乡村的田地上，到天文台屋顶的空房里，到黑暗的地窖里，到了瑞士，爬上阿尔卑斯山的最高峰去寻我。他发现空气愈稀薄，灰尘愈少，我也愈稀，愈难寻。

寻我也罢，我不怪他。只恨他又拿我去放在瓶子里烧。最恨他烧我又一定要烧到110℃以上，120℃以上，乃至170℃；用高压力来烧我，用干热来烧我，烧到了1个钟头还不肯止呢！

火，无情的火，是我最惨痛的回忆啊！

现在胡子先生虽已不见了，而我却被囚在这玻璃小塔里，历万劫而难逃，那塔顶的棉花网，就是他所想出的倒霉的法子。至于火的势力，哎哟！真是大大地蔓延起来了。

列数字，通过列举具体的数字，将细菌被烧时的情形展现得淋漓尽致。

火，无情的火，实验室的火，医院的火，检疫处的火，到处都起了火了。果真能灭亡了我吗？那至多也不过像秦始皇焚书似的。

我的儿孙布满陆地、大海与天空。

毁灭了大地，毁灭了万物，才能毁灭我的菌群！

细菌家族数量众多，遍布世间各处，大火很难将它们烧尽。

水国纪游

实验室的火要烧焦了我，快了。

渴望着水来救济，期待着水来浸洗，我真做了庄周所谓"涸（hé）辙之鲋（fù）"了。

无情的火处处致我灼伤，有情的水杯杯使我留恋。世间唯水最多情！这让受水灾的灾民听了，会有些不同意吧！

"你看那滔天大水，使我们的田舍荡尽，水哪里还有情？！"

这是因为从大禹以来，中国就没个能治水的人，顺着水性去治，把江河泛滥的问题，一劳永逸地解决了。

中国的古人曾经写成了一部《水经》，可

"涸辙之鲋"出自《庄子·外物》，其原义是在干涸的车辙里的鲫鱼，指即将干渴而死的鱼，也比喻处于困境急待援助的人。

字词释义，"一劳永逸"指辛苦一次，把事情办好，以后就不再费事了。

惜我没有读过。但我料他一定把我这一门，水族里最繁盛的生物，遗漏了。我是深明水性的生物。

水，我似听见你不平的流声，我在昏睡中惊醒！

五月的东风，卷来了一层密密的黑云，遮满了太平洋的天空。

我听见黄河的吼声，扬子江的怒声，珠江的喊声，齐奔大海，击破那翻天的白浪。

这万千的水声，洪大、悲壮、激昂，打动了我微弱的胞心，鼓起了我疲惫的鞭毛。

水，我对于你，有遥久深远的感情，我原是水国的居民。

水，你是光荣的血露，神圣的流体！

地面上的万物都要被你所冲洗。

水，我爱你的浊，也爱你的清。

清水里，氧气充足，我虽饿肚皮，却能延长寿命。

浊水里，有那丰富的有机物，供我尽情地受用。

气候暖，腐物多，我就很快地繁殖。

作诠释，无论是清澈的水还是浑浊的水，对细菌来说都是有利的。

气候冷，腐物少，也能安然地度日。

气候热，腐物不足，我吃得太速，那生命就很短促了。

水，什么水？是雨水。把我从飞雾浮尘，带到了山洪、溪涧、河流、沟壑。浮尘愈多，大雨一过，下界的水愈遍满了我的行踪。

我记起了阿比西尼亚雨季的滂（pāng）沱（tuó）。法西斯头子墨索里尼纵使并吞了阿比西尼亚，也消灭不了那滂沱，更止不住我从土壤冲进了江河。

雨季连绵下去，雨水已经澄清了天空，扫净了大地，低洼处的我，虽不会再加多，有时反而被那后降的纯洁的雨水逐散了，然而大江小河，这时已浩浩荡荡满载着我，这将给饮食不慎的人群以相当的不安啊！

水，什么水？是雪水。我曾听到胡子科学先生得意扬扬地说过，山巅的积雪里寻不见我。我当然不到那寂寞荒凉的高峰去过活，但将化未化的美雪，仍然是我冬眠的好地方。

"阿比西尼亚"即现在的埃塞俄比亚。

雪花飞舞的时候，碰见了不少的灰尘，我又早已伏在灰尘身上了。瑞典的京城，地处寒带而多山，日常饮用的水，都取自高出海面160米的一个大湖。平时湖水还干净，阳春一发，雪块融化，拖泥带土而下，卫生当局派员来验，说一声："不好了！"我想，这又是因为我的活动吧！

水，什么水？是浅水，是山泽，是池沼，及一切低地的蓄水。最深不到5尺，又那么静寂，不大流动。我偶尔随着垃圾堆进去，但那儿我是不大高兴久住的。那儿是蚊大爷的娘家，却未必是我的安乐窝。

尤其是在大夏天，太阳的烈焰照耀得我全身发昏。我最怕的是那太阳中的"紫外光"，残酷的杀菌者。深不到5尺的死水，真是使我叫苦，没处躲身了。5尺以外的深水才可以暂避它的光芒。最好上面还挡着一层污物，挡住那太阳！

我又不喜那带点儿酸味的山泽的水，从瀑布冲来了山林间的腐木烂叶，浸成了木酸、叶酸，太含有刺激性了。

如果这些浅水里，含有水鸟鱼鳖的

腥气，人粪兽污的臭味，那又是我所欢迎的了。

水，什么水？是江河的水。江河的水满载着我的粮船，也满载着我的家眷。印度的恒河曾就是一条著名的"霍乱"河；法国的罗讷河也曾是一条著名的"伤寒"河；德国的易北河又是一条历史的"霍乱"河；美国的伊利诺河又是一条过去的"伤寒"河。"霍乱"和"伤寒"，还有"痢疾"，是世界驰名的水疫，是由我的部下和人类暗斗而发生的。这其间，自有一段恶因果，这里且按下不表。

有人说："江河的水能自清。"这是诅咒我的话。不是骂我早点儿饿死，就是讥笑我要在河里自杀。我不自尽江河的水怎么会清呢？

然而，在那样肥美的河肠江心里游来游去，好不快活，我又怎肯无端自杀，更何至于白白地饿死。

然而，毕竟河水是自清了。美国芝加哥大学有一位白发斑斑的老教授，曾在那高高的讲台上说过，当他在三十许壮年的时候，

举例子，列举出世界上几条发生过水疫的河流，这些水疫都是由各种细菌引起的。

初从巴黎游学回来，对于我极感兴趣，曾沿着伊利诺河的河边，检查我菌儿的行动。他在上游看见我是那样的神气，是那样的热闹，几乎每一滴河水里都围着一大群。到了下游，就渐渐地稀少了。到了欧地奥的桥边，我更没有精神了。他当时心下细思量，这真奇怪，这河里的微生物是怎样减少的呢？难道河水自己能杀菌吗？

究竟是什么原因使得河里微生物逐渐变少？一起看下去吧。

河水于我，本有恩无仇。无奈河水里常常伏着两种坏东西，在威胁我的生存。它们也是微生物。我看它们是微生物界的捣乱分子，专门和我做对头。

一种比我大些的，它们是动物界里的小弟弟。科学先生叫它们"原虫"，恭维它们作虫的"原始宗亲"。我看它们倒是污水烂泥里的流氓强盗。最讨厌的是那鞭毛体的原虫。它的鞭毛，比我的又粗又大，也活动得厉害，只要那么一卷，便把我一口吞吃而消化了。

它的家庭建筑在我的坟墓上，我恨不恨！

一种比我还要小几千倍的，很自由地钻进我身子里，去胀破我那已经很紧的细胞，因此科学先生就唤它作"噬菌体"。你看它的名字就已明白是和我作对的。它真是小鬼中的小鬼！

水，什么水？是湖水。静静的，平平的，明净如镜，树影蹲在那儿，白天为太阳哥拂尘，晚上给月姐儿洗面，没有船儿去搅它，没有风儿去动它，绝不起波纹。在这当儿，我也知道湖上没有什么好买卖，也就悄悄地沉到湖底归隐去了。

这时候，科学先生在湖面寻不着我，在湖心也寻不出我，于是他又夸奖那停着不动的湖水有自清的能力呀。

可是，游人一至，游船一开，在酣歌醉舞中，瓜皮与果壳乱抛，在载言载笑间，鼻涕和痰花四溅，那湖水的情形又不同了。

水，什么水？是泉水，是自流井的水，是地心喷出来的水。那水才是清。那儿我是不易走得近的。那儿有无数的石子沙砾绊住我的鞭毛，牵着我的荚膜不放行。这一条是水国里最难通行的险路，有时我还冒着险往前冲，但都半途落荒了。

水，什么水？是海水。这是又咸又苦，

行为描写，游船上人们的这些不文明行为将细菌传播到湖水中，污染了湖水。

著名的盐水。咸鱼、咸肉、咸蛋、咸菜，凡是咸过了七分的东西，我就有些不肯吃。<u>最适合我胃口的咸度，莫如血、泪、汗、尿，那些人身里的水流。</u>如今这海水是纯盐的苦水，我又怎愿意喝？

不过，海底还是我的第一故乡，那儿有我的亲戚故旧，我曾受着海水几千万年的浸润。现在虽飘游四方，偶尔回到老家，故乡的风味，虽然咸了些，也有些流连不忍即去吧。

我在水里有时会发光。所以在海上行船的人，在黑夜里不时望见那一望无际的海面，放出一闪一闪的磷光，那里面也夹着一星一星我的微光。

我自从别了雨水以来，一路上弯弯曲曲，看见了不少的风光人物：不忍看那残花落叶在水中荡漾，又好笑那一群喜鸭在鼓掌大唱；不忍听那灾民的叫爹叫娘，又叹息那诗人的投江！

五月的东风，
吹来一片乌云，

反问，通过反问向读者说明，细菌不喜欢盐度较高的海水。

遮满太平洋的天空。

我到了大海，

观着江口河口的汹涌澎湃。

涌起了中国的怒潮！！

冲倒了对岸的狂流！

击破了那翻天的白浪！

洗清了人类的大恨！

……

看到这里，我想，那些大人们争权夺利的大厮杀，和我这微生物小子有什么相干呢？

字词释义，"汹涌"指（水）猛烈地向上涌或向前翻滚。

呼吸道的探险

我在乡村的田园上，仍然过着颠沛流离的生活，处处靠着灰尘的提携。

那灰尘真像是我的航空母舰，上面载着不少的游伴。

这些游伴的分子也太复杂了。矿、植、动三大界都有，连我菌物也在内，一共是四色了。

矿物之界，有煤烟的炭灰，有火山的破

字词释义，"颠沛流离"指生活艰难，四处流浪。

片，有海浪的盐花，有陨星的碎粒，还有各式矿石的散沙，都随着大风而远扬。

植物之界，有花蕊、花球的纷飞，有棉絮、柳丝的飘舞，有种子、芽孢、苔藻、淀粉、麦片以及各式各样的植物细胞的乱奔狂突。

动物之界，有皮屑、毛发、鸟羽、蝉翼、虫卵、蛹壳以及动物身上一切破碎零星的组织的东颠西扑。

菌物之界，有一丝一丝的霉菌，有圆胖圆胖的酵母，在空中荡来荡去。最后就是我菌儿这一群了。

这是灰尘的大观。这之间以我族最为活跃。我在灰尘中，算是身子最轻，活动范围最广的。

这些风尘仆仆中的杂色分子，又像是一群流浪儿，一群迷途的羔羊啊。

我紧牵着这一群流浪儿的手，在天空中奔逐，到处横冲直撞，不顾一切利害。

记得有一回，还是在洪荒时代，我正在黑夜的森林中飞游，忽然碰了一个响壁，原来是蝙蝠的鼻子。我在暗中摸索，堕（duò）

排比，列举了矿物界各式各样的微尘，这些微尘能够随风飘扬，侧面反映出这些微尘小而轻的特点。

进了它鼻孔的深渊，觉得很柔滑、很温暖。但不久，被它强有力的呼吸一喷，就翻了几个筋斗出来了。

后来，我冲进它的鼻孔里去的机会愈来愈多了。然而，它这一类动物，呼吸道的抵抗力颇强，颇不容易攻陷，它的"扁桃腺"也发育得不大完全。

"扁桃腺"这东西是"淋巴组织"的结合，淋巴腺之一大种。在腭部有腭扁桃腺，在咽喉间有咽扁桃腺，在小脑上有小脑扁桃腺。如此之类的扁桃腺，自我闯入动物体之后，都曾一一碰到了。

动物体内的"淋巴组织"是含有抵抗作用的。淋巴细胞也就是抗敌的细胞，是白血球的一种。所以淋巴这草黄色的流液，实富有排除外物的力量呀，我往往为它所驱逐而逃亡。

那么，扁桃腺就是淋巴组织最高的建筑物，就是动物身内抗菌的大堡垒了。当我初从鼻孔或口腔进到舌上喉间的时候，真是望之而生畏。

后来走熟了这两条路，看出了扁桃腺的

字词释义，
"扁桃腺"是扁桃体的旧称，是分布在呼吸道内的一些类似淋巴结的组织。

字词释义，
"淋巴腺"是淋巴结的旧称，是分布于淋巴系统的圆形或椭圆形小体。

字词释义，
"白血球"是白细胞的旧称，为血细胞的一种，呈圆形或椭圆形。

破绽与弱点。原来它的里外虽有很多抗敌的细胞把守，而它的四周空隙深凹之处可真不少，那里的空气甚不流通，来来往往的食货污物又好在此地集中，留下不少的渣滓，反而成为我藏身避难的好所在了。

我就在这儿养精蓄锐，到了有机可乘时，一战而占领了扁桃腺，作为攻身的根据地了。于是那动物就发生了扁桃腺炎了。

字词释义，"有机可乘"指有空子可以利用。

这在人类就非常着急！他们认为扁桃腺在人身上有反动的阴谋，和盲肠是一流的下贱东西，无用而有害，非早点儿割弃它不可。

其实人身的扁桃腺及其他淋巴腺愈发达，尤其是呼吸道的淋巴腺愈发达，愈足以表现出人菌战争之烈。

说明了在人菌之战中，人得胜和细菌得胜的不同后果，也侧面反映出淋巴腺对人体健康的重要性。

人若得胜，淋巴腺则是防菌的堡垒，我若得胜，这堡垒则变成为我的势力区了。

淋巴腺，在动物的进化过程中，还是比较新的东西。这是由于我的长期侵略，它们的积极抵抗，相持既久，它们体内就突然产生了这种防身的组织。

此处向读者解释了淋巴腺的形成原因。

我生平对于冷血动物，素以冷眼看待，

不似对于热血动物那般的热情，所以我在它们体内游历的时候，也没有见过有什么淋巴腺、扁桃腺之类的组织，这是因为我很少侵略它们的内部器官，我不过常拿它们的躯壳，当作过渡时期的驻屯所罢了。有时还利用它们作为我投奔高等动物身内的天梯或桥梁哩。这之间，就以昆虫之类最肯帮我的忙，尤以苍蝇、蚊子、臭虫、跳蚤、身虱、八角虱之流，这些人类所深恶的东西，更喜欢和我密切地合作，这是后话。不过，我如想从鼻孔进攻人、兽之身，那还须靠灰尘的牵引。

　　我曾经游遍了普天下动物的身体，只见到鸟类和哺乳类才有淋巴腺、扁桃腺之类的抗敌组织，而以哺乳类的淋巴腺最为发达。到了人，这淋巴腺的交通网更繁密了。人原是可以得很多病的动物啊。淋巴腺在进化途中实是传染病的一种纪念碑啊。

　　高空的飞鸟绝不会得肺痨病，它们常吸新鲜的空气，它们的呼吸道里我是不大容易驻足的，因此这条道上的淋巴腺也没有它们消化道的肠膜下的淋巴腺那样多。

比喻，将冷血动物比作"天梯""桥梁"，形象地说明了它们在人与细菌之间起的连接作用。

作诠释，由于高空飞鸟经常呼吸新鲜的空气，因此它们不容易得肺痨病。

肺痨病虽有鸟、牛、人之分，而关系鸟的部分受害者也只限于鸡鸭之群，人类篱下的囚徒罢了。于是它们呼吸道里的淋巴腺，是比飞鸟的增加了。

至于蝙蝠这夜游的动物，好在檐下或树林间盘旋飞舞，我自从那一回碰到了它的鼻子之后，就渐渐地熟悉它呼吸道上的情形了。我见它当初也没有什么扁桃腺，后来为了对付我而新添了这件隆起的东西。

由此可见，我和动物的呼吸道发生了关系之后，扁桃腺及其他淋巴腺所处地位变得崇高而重要了。所以，我在这一章的自传里，特地先记述它们。它们的产生是由于我的刺激，我的行动又以它们为路碑，我和它们的关系是多么密切啊。

我冲进鸟兽和人的鼻孔的机会固然很多，虽然这也要看灰尘的多寡，鸟兽之群及人口的密度如何。

高阔的天空不如山林的草原，农村的广场不如都市的大街，公园不如戏院，贵人的公馆不如十几个人窝在黑暗一间的棚户。总之，人烟愈稠密，人群愈拥挤，我从空中

通过几组对比，让读者了解到细菌更喜欢停留在人口密度大的地方。

到鼻子，从鼻子又到别的鼻子的机会也愈多了。

我在乡村的田园上飞游之时，生活过于空虚，颇为失意。于是，我就趁着乡下人挑担上城的时候，附着在他的身上，到这浮尘的都市观光来了。

在都市的热闹场所，我的生意极其兴隆。这儿不但有灰尘代我宣扬，还有痰花口沫的飞溅助我传播。

从此呼吸道上总少不了我的影子。这条入肺的孔道，我是走得烂熟了。它的门户又是永远开放的。

虽然，婴儿初离母胎的当儿，他的鼻孔和口腔以内，是绝对没有我的踪迹。但经过了数小时之后，我就从空气中一批一批地移民来此垦（kěn）殖了。

我的移民政策是以呼吸道的形势与生理上的情形来决定的。要看那块地方，气候的寒暖如何，湿度如何，黏膜上有无缝隙深凹之处，氧气的供给是否太多，组织和分泌汁的反应是酸是碱抑或是中性，细胞胞衣上的纤毛，它们的活动力是否太强烈了。须等到这些条件都适合于我的生活需要了，然后这曲折蜿蜒海岸线似的呼吸道，才有我立身插足之地啊！

此外，还有临时发生的事件，也足以助长我的势力。如食货和外物的停积，是加厚了我的食粮；如黏膜受伤而破裂，是便利了我的进攻；更有那不幸的矿工，整天呼吸着矽（xī）灰，他的肺瓣是硬化了，变成了矽肺，这矽肺是我所最喜盘踞的地方。我家里那个最不怕干的孩子，人们叫它作"痨病菌"的，便是常在这矽肺上生长繁殖，于是科学先生就说，矽肺乃是肺痨病的一种前因。这是矿工受了工作环境的压迫，没有得到卫生的保障，人必先糟蹋了自己的身体，而后我才有机可乘，这不能专怪我的无情吧。

在十分柔滑而又崎岖不平的呼吸道上，我的行进有时是如此顺利，而有时又甚艰险。因此，我这一群里，有的看呼吸道如"天府之国"，有久居之意；有的又把它当作牢狱似的，一进去就巴不得快快地出来；又有的则认为是临时的旅舍，可以来去无定，这样地，终主人的一生，他的呼吸道上，我

字词释义，"矽肺"是硅肺的旧称，由长期吸入含二氧化硅的灰尘引起。

排比，不同的细菌对待呼吸道有不同的态度，说明不同的细菌对生存环境的要求各不相同。

的形影是从不会离开的。

这呼吸道又很像一条自由港，灰尘的船只可以随意抛锚。就我历次经验所知，这条曲曲折折的自由港又可分为里中外三大湾。

里湾以肺为界岸，出去就是支气管、气管、喉。中湾介于口腔与鼻洞之间，是呼吸道和食道的三岔路口，是入肺入胃必经的要隘，隆肿的扁桃腺就在这里出现，这一湾的地名就叫作"口咽"。"口咽"之上为"鼻咽"，那是外湾的起点了。"鼻咽"之前就是迂曲的鼻洞，分为两道，直通于外。

迂曲的鼻洞，我是不大容易居留的，那里时有大风出入，鼻息如雷，有时鼻涕像瀑布一般滚滚而流，冲我出来了。所以在平时，鼻洞里的我大都是新从空气游来的，而且数目也较为不多。我本是风尘的游客，哪配久恋鼻乡呢？何况前面还有森严的鼻毛，挡住我的去路啊！

可是，鼻洞里的气候时时在转变着，寒暖无常，有时会使鼻禁松弛了，我也就不妨冒险一冲，到了鼻咽里来了。

在鼻咽里，我较易于活动，而能迅速地

反问，迂曲的鼻洞里有气息出入，有如雷的鼻息声，有浓密的鼻毛，有时还有鼻涕流出，这样的环境让细菌难以久留。

繁殖着。但，我的繁荣，究竟是受了当地食粮的限制，于是我不得不学会侵略者的手段了。这我也是为着生计所迫，而不能不和鼻咽以内的细胞组织斗争啊！

所以，到了鼻咽以后，我的性格就不似从前在空中时那样的浪漫与无聊，真变得泼辣勇猛多了。

由鼻咽到口咽，一路上准备着厮杀，准备着进攻。我望见那红光满目的扁桃腺，又瞥见那一开一合的大口，送进一闪一闪的光明，光明带来了许多新鲜的空气。我在这歧路上徘徊观望，逡（qūn）巡（xún）不敢前进。久而久之，习惯使我胆壮，我就在口咽的上下、扁桃腺的四周埋伏，等候着乘机起事。所以在人身体中，我的菌众与种类，除了盲肠的左右以外，要算以咽喉之间为最多了。

我在呼吸道上进攻的目的地，当然是肺。

那儿有吃不尽的血粮，

那儿有最广阔的地场，

肺尖又脆肺瓣又弱，

我可以长期地繁殖着，

但我在未达到肺腑前，

要尝尽千辛万苦；

一越过了软骨的音带，

突然就遇着诸种危害：

四围的细胞会鼓起纤毛来扫荡我，

两旁的黏膜会流出黏液来牵绊我，

喷嚏、咳嗽、说话与呼吸又来驱逐我，

沿途的淋巴腺满布着白血球突来捕捉我。

人类各种相关器官的守护，让细菌侵入人体变得困难重重。

我真是无可奈何了。所以在天气好的日子，从咽喉到肺这一条深港是平静无事的，我就偶尔跌进里头去，也没敢多流连呀！

一旦云天变色，气候骤寒，呼吸道上忽然遇着冷风的袭击，我一得了情报，马上就在扁桃腺前召集所有预伏的菌兵菌将，会师出发，往着肺门进攻。

到那时，全咽喉都震撼了。

肺港之役

肺港之役是我的优胜纪录，是我生平最值得纪念的一件轰轰烈烈的大事，是我进攻呼吸道的大胜利。在这胜利的过程中，我几乎征服了全人类，全生物界为之震惊。

虽然，在这之前，我还有许多其他伟大的战绩，但都以布置不周，我作战的秘密，一一都为科学先生所揭穿了。如14世纪横行欧洲的大鼠疫，就是我利用了家鼠与跳蚤攻人皮肤的大胜。如扫荡全世界六次的大水疫，就是我勾结苍蝇与粪水攻人肚肠的大胜。谁知道自19世纪末期以来，科学先生发明了抵抗我军的战略，从此卫生先进的国家都很严密地防范我，我哪里再敢从这两条战线上大规模地进攻人类呢？鼠疫和水疫打得人类如落花流水，也是我两番光荣的胜利啊，以后还要详细地追述，这里不过提一提罢了。

至于肺港之役，是我出奇兵以制胜人类，使聪明的人类摸不着防御我的法门，而甘拜下风。

自那位胡子科学先生提出了抗菌的口号以来，他的徒弟徒侄等相继而起，用着种种奸巧的计策，在各种传染病的病人身上，到处逮捕我。从公元1874年，我有一个淘气

可恶的细菌又对人类的呼吸道发起了怎样的攻击呢？一起来看看吧。

在"肺港之役"中，细菌究竟出了哪些奇兵呢？一起看下去吧。

的孩子，在麻风病人的身上细嚼他的烂皮肉的时候，突然被一位科学先生捕捉了去，此后 25 年之间，欧洲各处实验室里高燃着无情之火，正是捕菌运动最紧张的时期，我的家人亲友被囚入玻璃小塔里的真是不计其数。他们（指实验室里的工作人员）用严刑来拷问我，用种种异术来威胁我，灌我以药汤，浸我以酸汁，染我以色料，蒸我以热气，无非要迫我现出原形于显微镜之下。

排比，列举出科学家们为使细菌在显微镜下现出原形而使用的各种方法。

更有所谓传染病的三原则是一位著名的德国医生所提出的，他们都拿来作为我犯罪的标准。假如，据他们试验观察的结果，我和某种传染病的关系都符合下面所举的三原则，就判定我的罪状，加我以某种传染病的罪名。我菌儿这一群，平时大家都在一起共同生活，有血大家喝，有肉大家吃，不分彼此，不立门户，也不必标新立异地各起名称，大家都是菌儿，都叫作菌儿罢了。这是这一篇自传里我的一贯的主张。而今不幸，多事的科学先生却偏要强将我这一群分门别类，加上许多怪名称，呼唤起来，反而使我觉着怪麻烦的。何况，像我这样多样而又善变的生活方式，若都一一追究出来，我的种类又岂止几千种。这便在命名上不免发生纠纷，成为问题。

闲话少讲。先谈谈这传染病的三原则吧。

我常听到科学先生说，每一种特殊的传染病，一定都有一种特殊的病菌在作祟，所以他们要认清病菌，寻出正凶，而后才可以下手防御，发出总攻击令，不然打倒的若不是凶手，凶手却仍在放毒杀人，病仍是不会好的啊。他们似乎又在讲正义了，并不盲目地加害于我的全体。

这句话告诉我们，只有对症用药，才能药到病除。

那么，传染病的凶手是怎样判定的呢？这要看他们如何检查我那个特殊的淘气孩子的行动了。

他们的第一条原则是：要在每一个得了这特殊的传染病的病者身上，捉到我这行凶的孩子，而且它被捕的地点也应该就是行凶的地点。这就是说，若在其他不相干的地方抓到它，而真正的伤口上反而不能寻获，那证据就有些靠不住了。我这一群来来往往在人身做"过客"的很多很多，自然不可以随意指出一个说它是凶手。要在出事的地点常常发现的才是嫌疑犯。

第二个原则是：这凶手要活生生地捉到，并且把它关在玻璃小塔里面，还能养活它，并且还会一代一代地传种传下去，别的菌种都不许混进来，以免有所假冒，以免鱼目混珠，要永远保持那凶手的单独性。若凶手早已死去，或因绝食而自毙，则它的犯罪的情形将何从考证？它的真相将何以剖明？

假定凶手是活擒到了，它也能在外界继续生长，独囚一室，不和异种相混，然而也不能就此判定它是这病的主犯，有时也许是抓错了，也许它不过是帮凶而已，而正凶反而逃脱了。怎么办呢？那就要用第三条原则来决定了。

第三条原则就是动物试验。拿弱小的动物作为牺牲品，把那有嫌疑的菌犯注射进这些小动物的体内去，如果它们也发生同样的病状，那就是这特殊传染病的正凶之铁证，不能再狡赖了。

我在旁听了之后，不禁叹服这位科学先

生的神明，他能这样精巧地定计破贼，真是科学公堂上的包拯啊！然而，这使我为着那一批专和人类作对的蛮孩子担心了。

科学先生的狡计虽然厉害，我攻人的计划几乎一一都为他们所破坏了。但是，强中还有强中手，我家里有三个小英雄，就不为他们的严刑所恫(dòng)吓(hè)，就不受这传染病的三原则所审理。肺港之役，我连战皆捷，就是这三位小英雄安排好的巧计。

字词释义，"恫吓"指威吓；吓唬。

我的这三位小英雄，科学先生已给它们定了传染病的罪名了。

第一名，他们说它是猩红热的正凶，叫它作溶血性链球菌。

第二名，他们说它是肺炎的主犯，称它作肺炎双球菌。

第三名，他们说它是流行性感冒的祸首，唤它作流行性感冒杆菌。

拟人，通过"正凶""主犯""祸首"三个词，分别交代了引起三种疾病的三种细菌。

他们当然是根据传染病的三原则而建议的。然而，我的这三个孩子的行动并不是这么单纯。它们犯案累累，性质又未必皆相同。如第一名，不仅使人发生猩红热，什么扁桃腺炎、丹毒、产褥热、蜂窝组织炎之类

字词释义，"产褥热"为产褥感染的旧称，症状是发热、腹痛等。

的疾病，也都是由它而起。我这里所谈的肺港事件，就与它有密切的关系。……总之，这三位小英雄在侵略人体时，都是随机应变，它们的生活是多方面的。可见这些科学的命名也免不了有些牵强附会了。我们切不可认真，认真了就有以名害实的危险啊。在我的自传里，提起孩子的名称这还是第一遭，所以特地声明一下。

我这三位小英雄，都是最爱吃血的微生物。为了要吃血，它们奋不顾身地往肺港里冲。它们又恐怕遭敌人的暗算，所以常是前呼后应地结成联合阵线，胜则同进，败则同退，不但白血球应接不暇，就是科学先生前来缉凶的时候也迷惑了，弄不清楚哪一个是真正的凶手呀。

当我在扁桃腺前会师出发，往着肺门进攻的时候，一路上遇到不少的挫折，我的其他孩子们都在半途战死，独有这三位小英雄，在这肺港里横冲直撞，所向无敌。

肺港是一个曲折的深渊，前半段，从咽喉的门户到肺叶的边界，是呼吸道的里湾，肺叶以内分为无数肺泡，这些肺泡便是呼吸

对比，其他
细菌在进攻肺门
时都死掉了，而
溶血性链球菌、
肺炎双球菌、流
行性感冒杆菌却
能成功进入肺门，
衬托出这三种细
菌的"厉害"。

道的终点。

我进了肺港之后，若不遇到阻挡，就一直往下滚，滚，滚过了支气管，然后是小支气管，再后是最小支气管。它们像树枝一般渐渐地小下去，渐渐地展开，我也顺着那树枝的形状快快地蔓延起来。一进了肺叶，那管口愈分愈细了。穿过了一段甬（yǒng）道似的肺泡小管，便是空气洞，再进则为空气房，空气洞与空气房合在一起便是一个肺泡。新旧的空气就在这儿交换。所以我在途中前后都有大风，冷风推我前进，热风迫我后退。

在肺泡的壁上，满布着血川的支流。心房如大海，血管似江河，血川就算是微血管的化名了。在这儿，我看见污血和新血的交流，我看见血球在跳跃，血水在汹涌澎湃，我细胞的饿火燃烧起来了。

全肺所有肺泡的面积，胀得满满的时候，约有 90 平方米，这比全身皮肤的面积还大了 100 倍。因此在这儿，血川的流域甚广甚长，况且肺泡的墙壁又是那么薄弱，那壁上细胞的纤毛这儿又都已不见了。到了这

比喻，将心房、血管、血川的关系形象地展现出来，便于读者理解。

里，血川是极容易攻陷的，我的吃血是方便的事了。

为了吃血的方便，我这三个爱吃血的孩子就常常深入肺泡，强占肺房，放毒纵兵，轰炸细胞，冲破血管，与白血球恶战，与抗毒体肉搏，闹得人肺发硬作病，流血出脓，而演成人身的三大病变——伤风、流行性感冒、支气管肺炎——一次比一次紧张，一回较一回危急。

伤风是我的小胜，流行性感冒是我的大胜，支气管肺炎是我的全胜。

在人生的旅途中，谁个不得过几次或轻或重的伤风呢？在流行性感冒大流行的时期，三人行必有一人被传染，尤其是在 1918 至 1919 年那一次，全世界都发生了流行性感冒的恐慌，我的声势之大真是亘（gèn）古所未有，几个月之间，人类之被害者，比欧战 4 年死亡的总数还要多。至于支气管肺炎，那更是人人所难逃免的病劫。人到临终的前夕，他的肺都异常虚弱，我的菌众竞来争食，因而他的最后一次的呼吸，往往是被支气管肺炎所割断了。这可见我在肺港之役

以"小胜""大胜""全胜"三个词来形容伤风、流行性感冒、支气管肺炎三种疾病，反映出这三种疾病的严重程度。

的胜利，是一个伟大而普遍的胜利。人类是无可奈何了。

伤风是人类司空见惯的病了，多不以为意。流行性感冒，你们中国人有时叫它作重伤风。那支气管炎也就可以说是伤风达到最严重的阶段了。他们都只怪风爷的不好、空气的腐败，却哪里知道有我，有我这三个在肺港里称霸的孩子在侵害。

我这三个孩子当中，尤以那被称为流行性感冒杆菌的为最英勇。它在肺港之役是我的开路先锋。它先冲进肺泡里，到了血川之旁去散毒。它并不直接杀人，也不到血液里去游泳，而它的毒素不尽地流到血液里，会使人身的抵抗力减弱。它却留着刽子手的勾当，给我那后来的两个孩子做。

于是，在伤风病人的鼻咽里，科学先生最常发现它；在流行性感冒病人的痰里，仍常寻得见它；在支气管肺炎病人的血脓里，则寻见的不是它，只剩下我那两个孩子——肺炎双球菌和溶血性链球菌了。

所以，伤风不会杀人，流行性感冒也不会杀人，然而它们却往往造成了杀人的局势。

字词释义：
"不以为意"指不把它放在心上，表示不重视，不认真对待。

流行性感冒杆菌看似温和，实则非常狡猾、可恶。

自从科学之军崛起，我在其他方面进攻人类都节节败退，独有肺港之役，我获得最大的胜利。这是我那三个小英雄之功。

将来的发展如何，我不知道，但因为我在人身有极重大的经济利益，我始终要求人类承认我在肺港的特殊地位，承认我的侵略权。

肺港里还有其他的纠纷事件，如肺痨、百日咳、大叶肺炎、肺鼠疫，如此之类，以及要封锁港口的白喉，那都因为性质不大同，都不及在此备载了。

举例子，此处列举的疾病都是由细菌引发的，细菌对人类的影响可真大啊！

吃血的经验

从血川到血河，一路上冲锋陷阵，小细胞和大细胞肉搏，鞭毛和伪足交战，经过无数次的恶斗，终于是我得胜了，占领了血河，而人得败血症病死了。

于是科学先生就板起面孔来，在实验室里，大骂我是穷凶极恶的暗杀党，谋害了宝贵的人命，他们一定要替人类复仇，发明新武器来歼灭我。

这不但于我的名声有损，而且连我在生物界的地位都动摇了。我在这一章里是要说明我的立场哩。

中国的古人不是说过吗："民以食为天。"我是生物界的公民之一，当然也以食为天，不能例外。

我的生活从来是很艰苦的。我曾在空中流浪过，水中浮沉过，曾冲过了崎岖不平的土壤，穿过了曲折蜿蜒的肚肠，也曾饿在沙漠上，也曾冻在冰雪上，也曾被无情之火烧，也曾被强烈之酸浸，在无数动植物身上借宿求食过，到了极度恐慌的时候，连铁、硫和碳之类的矿盐，也胡乱地拿来充饥，我虽屡受挫折，屡经忧患，仍是不断努力地求生，努力维护我种我族的生存，不屈服，不逗留，勇往直前。我无时无刻不在艰苦生活之中挣扎着。我的生活经验，可以算是比一般生物都丰富得多了。我这样四方奔走，上下飘舞，都是为着吃的问题没有解决呀！

我想，生物的吃，除了一般植物它们所吃是淡而无味的无机盐而外，其他的如动物界中的各分子及植物界中之有特别嗜好者，

引用，引用"民以食为天"一句，表现了"吃"也是细菌赖以生存的根本。

它们所吃，就尽是别的生物的细胞。它们不但要吃死去的细胞，还要吃活着的细胞。

吃人家的细胞以养活自己的细胞，这可以说是生物界中的一种惯例吧。于是各生物间攘（rǎng）争掠夺、互相残杀的事件，层出不穷了。

我菌儿虽是最弱最小的生物，在生物界中似乎是居最末位的，但我对于吃的问题也不能放松！

我几乎是什么都吃的生物，最低贱的如阿米巴（变形虫）的胞浆，最高贵的如人类的血液，我都曾吃过。我所吃，所爱吃的，绝不像植物所吃的那样淡泊而没有内容。我的吃是复杂而兼普遍，我是最能适应环境的生物。

但是，我因感着外界的空虚、寂寞而荒凉，我的细胞时有焦干冻饿的恐慌，所以特别爱好在动物身上盘桓（huán），尤其是哺乳类的动物，人和兽之群。他们的体温常是那么暖和，他们又能供给我以现成的食料。我在他们的身上，过惯了比较舒适的生活，就老不想离开他们的圈子了。于是我的大部分群众就在这圈子之内无限制地生长繁殖起来了。

人和兽之群，在我看去真是一座一座活动的肉山啊！

我初到人、兽身上的时候，看见那肉山上森严地立着疏疏密密的森林似的毛发须眉，又看见散乱地堆着，重重叠叠的、乱石似的皮屑。我就随便吃了这些皮屑过活，那时我的生活仍然是很清苦的。

后来我又发现肉山上有一个暗红的山洞，从那山洞进去，便是一个弯弯曲曲无底的深渊，那就是人、兽的肚肠。肚肠是我的天堂，那儿有来来往往的食货。我就常常混在里面大吃而特吃。但不幸我在洞里又遇到了一种又酸又辣的液汁，我受不住它的浸洗。所以除了我那些走熟这一条路的孩子们以外，我的大部分的菌众都不能冲过去。这天堂仍是一个特殊阶级的天堂啊！

有一回，人的皮肤上忽像火山一般爆裂了，流出热腾腾、红殷殷的浓液。当时我很惊异，这东西是从哪里来的呢？后来我在肺港里是见惯了它，它的诱惑力激发了我的食

细菌在人和兽身上越是舒适，带来的威胁也就越大。

比喻，"暗红的山洞""弯弯曲曲无底的深渊"生动形象地展现出人、兽肚肠里面的样子。

此处"热腾腾、红殷殷的浓液"指的是血液。

灰尘的旅行 **65**

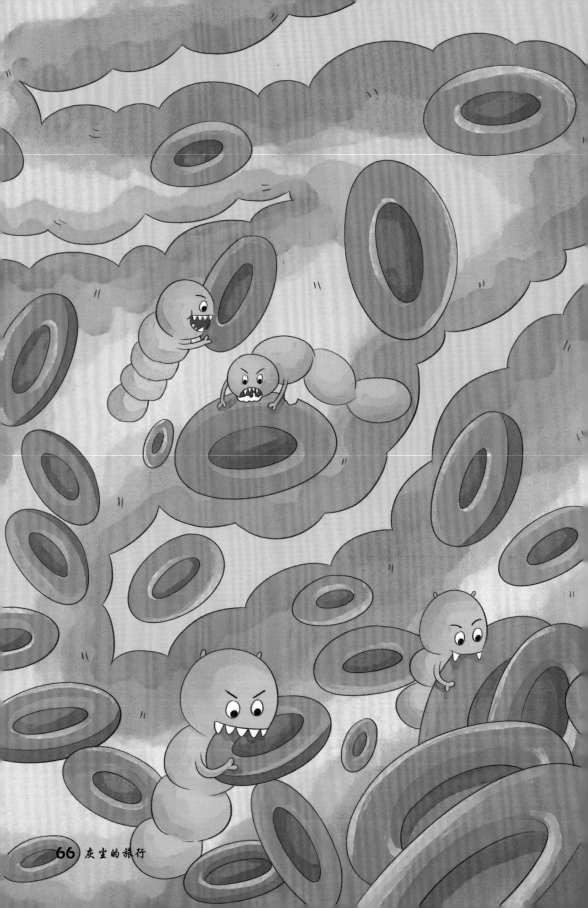

欲和好奇心。我的细胞就往往情不自禁地跳进它的狂流之中去。我尝了它的美味，从此我对于人、兽的身体就抱着很大的野心了。

我虽有吃活人活兽之血的野心，然而这并不是轻而易举的事，这也并不是我菌群中全体的欲望。这种侵略人、兽的大举有些像帝国主义者的行为，虽然那不过是我族中少数有势力的少壮细胞所干的事，帝国主义者侵略弱小民族也并不是他们国内全体人民的意愿呀。所以你们不要因为我少数的"菌阀"的蛮干，使人类不安，而加罪于我的全体，连我一切有功的事业也都抹杀了。

人类本来都茫然不知道我在暗中的活动，我的黑幕都是被多疑的科学先生所揭穿的。他们老早就疑惑我和人、兽之血的恶关系了。于是他们就时常在人血、兽血中寻找我的踪迹。因为初生的婴孩，他的肠壁的黏膜还不十分完整与坚实，他们想我到了那里，一定是很容易通行的。又因为在猪牛之类的肌肉和组织里，他们时常发现我。因此他们对于我是更加疑忌了。但是在健康之人的血液里，他们老寻不着我，罪证既不完

细菌一族中，除了有害的细菌，还有对我们有益的细菌。

此处解释了
细菌不在活血里
"行凶"的原因。

全，他们就不能决定我会在活血里行凶呀。这是因为平时血液的防卫很严密，我很不易攻入。我就是偶尔到了活血里面，不久也被血液里的守军杀退了。

血液是那样密密地被包在血管里，围在皮肤和黏膜之内，我要侵入血流中，必先攻陷皮肤和黏膜。所以在平时皮肤的每一个角落，黏膜的每一处空隙，都满布着我的伏兵，我在那里静候着乘机起事哩。

皮肤和黏膜的面积虽甚广大，处处却都有重兵把守。皮肤是那样坚韧而油滑，没有伤口即不能随便穿过。眼睛的黏膜有眼泪时常在冲洗，眼泪有极强大的杀菌力量，就是把它稀释到四万分之一，我还不敢在那里停留。不这样，你们的眼睛将要天天发红起肿了。呼吸道的黏膜又有纤毛，会扫荡我出来。胃的黏膜，会流出那酸溜溜的胃汁，来溶化我。尿道等的黏膜也有水流在冲洗，我也不能长久驻足。此外是鼻涕、痰和口津之类也都会杀害我。真是除了汗、尿和人们不大看见的脑脊髓液而外，人和兽之群乃至于一切动物，乃至于有些植物，它们的体内，

人体自身的
防疫功能非常强
大，几乎处处都
有着抵抗细菌的
机制。

哪一种流液，哪一种组织，不在严防我的侵略，没有抵抗的力量呀！

至于血，当然了，那是高等动物所共有的最丰富的流液，它的自卫力量更是雄厚了。

血，据科学先生的报告，凡体重在150磅左右的人都有7升的血，昼夜不息、循环不已地在奔流着，在荡漾着，在汹涌澎湃着。血，它是略带碱性的流体，我在血水里闻到了"蛋白质""糖类"和"脂肪"的气味了；我见过了钠的盐、钙的盐的结晶体了；我尝到了"内分泌"和氧的滋味了。

在血的狂流中，我又碰到了各种各样的血球在跳跃着，在滚来滚去地流动着。

我最常遇到的是像车轮似的血球，带点儿青黄的颜色，它的直径只有7.5微米，它的体积只有2.5立方微米，它的胞内没有核心，它像一只一只的粮船，满载着蛋白质和脂肪，从我的身旁掠过。我看它那样又肥又美的胞体，我的饿火上冲了。我曾听科学先生说过，它的胞体里还有一种特殊的色料，叫作"血色素"，那是最珍奇的一种食宝。我远远地就闻见了动物的腥味，那就是从这血

字词释义，1磅=0.45359237公斤。

列数字、比喻，通过具体的数字，表现出血球的微小。将血球比作"车轮""粮船"，生动形象地展现出血球的形状和特点。

色素里所放出来的气味吧。我的少壮细胞爱吃人、兽之血，目的也就在它的身上吧。

但我在血的狂流中，又遇到了一群没有色素的血球，它们的胞体内却有了核心。那核心的形状又有好些种。有的核心是蛮大的，几乎占满了血球的全身；有的核心是肾形的；有的核心是凹凸不平的。它们这一群都是我的老对头，我在血中探险的时候，常受着它们的包围与威胁，它们会伸出伪足来抓我。

我又看到了一种卵形无色的小细胞，它有凝结血液的力量，我常被它绑住了。有人说它是白血球的分解体，叫它作"血小板"。

还有一种一半是蛋白质，一半是脂肪的有色的细粒，科学先生叫它作"血尘"，大约它们就是死去的红血球的后身吧。

此外，更奇怪的就是，我在血流中奔波的时候，我的细胞常中途而死，不知是中了谁的暗算，这我在后来才知道是所谓"抗体"之类无形的东西在和我作对呀。

血液是我所爱吃的，而血管的防卫是那么周密，红血球是我所爱吃的，而白血球的

排比，运用排比的句式，列举出了白血球核心的不同形状。

字词释义，"红血球"为红细胞的旧称，其作用是把氧气输送到各组织，并把二氧化碳带到肺泡内。

武力是那么可怕，每600粒红血球就有1粒白血球在巡逻着，保卫着它们！在这种情势之下，我有什么法子去抢它们来吃呢？我的经验指示我了：

第一要看天时。在天气转变的时候，人、兽的身体骤然遇冷，他们皮肤和呼吸道的黏膜都瑟瑟缩缩地发抖起来，微血管里的血液突然退却，在这时候我的行军是较顺利的。或是外界的空气很潮湿，很温暖，我虽未攻入人体的内部，也能到处繁殖，所以在热带的区域，在人、兽的皮肤上，常有疔疮、疖子之类的东西出现，那都是我驻兵的营地呀。

第二要看地利。皮肤一旦受了刀伤枪伤而破裂，我就从这伤口冲入。有时人的皮肤偶为小小的针尖所刺，不知不觉地过了数小时之后，忽然作痛起来，一条红线沿着那作痛的地方上升，接着全身就发烧了，这就是我的先锋队已从这刺破的小孔进攻，而节节得胜了呀。

然而对于抵抗力强盛的身体，这是不常有的事。在平时我一冲进皮肤或黏膜以内，

设问，细菌是如何突破白细胞的守卫，吃到红细胞的呢？一起看下去吧。

灰尘的旅行 **71**

比喻，用"风起潮涌"来形容血液在人体中涌动的样子，将抽象的事情形象化，使表达通俗易懂。

血液就如风起潮涌一般狂奔而来，涌来了无数的白血球，把我围剿了。这就是动物身体发炎的现象，发炎是它们的一种伟大的抵抗力量啊！

但是身体虚弱的人，他们的抵抗力是很薄弱的，发炎的力量不足以应付危机。于是我就迅速地在人身体的组织里繁殖起来了，更利用了血管的交通，顺着血水的奔流，冲到人身别的部分去了。有时千回百转的小肠大肠，会因食物的阻塞、外力的压迫，而突然破裂，那时伏在肠腔里的我就趁势冲进腹膜里去，又由淋巴腺到淋巴管，再辗转流到血的狂流中去。这是我由肠壁的黏膜而入于血的捷径。

我又有时在外物与腐体的掩护之下，攻入血中。我伏在外物或腐体里，白血球和其他的抗菌分子就不能直接和我作战了。例如在人类不知消毒的时代，产妇的死亡率很高，那就是因为我伏在产妇身上横行无忌的缘故。

第三要看我的群力。我在进攻人身的内部时，必须利用菌众的力量，单靠着一粒一粒孤军无援的细胞作战，是不济事的。我必须用大队的兵马来进攻。例如人得伤寒之病，是因为他所吃的食物里，早就有我的菌众伏在那里繁殖了。

第四要看我的战术。我要攻入血管，有时需勾结蚊子、臭虫和身虱之类的吮血虫做我的先驱，做我的桥梁。

第五要看我的武器。我有时会使用毒素之类凶险的武器。那毒素是屠杀动物细胞最厉害无比的利器。我常伏在人、兽之身的一个小角落里施放这毒素。

总之不论用什么法子，从哪一个门户进攻，我的大队兵马一旦冲进了血管里面，占领了血河，在血的狂流中横冲直撞，战胜了白血球，压倒了抗体，解除了血液的武装，把一个一个红血球里的血色素尽量地吃光了，那个人的生命就不保了。

人死后，埋了拉倒，我可在那尸体里大餐大宴，那就是我的菌众庆功论赏的时候了。

不幸的是，近来殡仪馆的人，得到了消毒的秘诀，常把尸身浸在杀菌的药水里。又

举例子，吃东西时不注意食品卫生，就很有可能会感染上伤寒等疾病。

动作描写，通过一系列的动作描写，展现出细菌进入人体血液中"为非作歹"的情景。

不幸，有些地方的民俗常用火葬，把尸体全烧成灰，那真是我的晦气。我不料在完全侵占了人身之后，竟同趋于灭亡，我就全军覆没了。这也许是人类的焦土政策吧！

食道的占领

食的问题真够复杂而矛盾了。

除了无情的水、无情的空气、无情的矿盐之外，一切生命的原料，都是有情的东西，都是有机体，都是各种生物的肉身。

地球上各种生物，都有吃东西的资格，也都有被吃的危险。不但大的要吃小的，小的也要吃大的。不但人类要宰鸡杀羊，寄生虫也要拿人血人肉来充饥。这不是复仇，不是报应，这是生物界的一贯政策：生存竞争。

在生物界中，我是顶小顶小的生物，我要吃顶大顶大的东西，不，我什么东西都要吃，只要它不毒死我。一切大大小小的生物，都是我吃的对象。因此，我认为我谋食最便利的途径，就是到动物的食道上去追

无论细菌怎样入侵人体，人类总是会想办法应对。

适者生存是生物的生存法则。

寻。我渺小的身体，哪一种动物的食道去不得？

为了食的追求，我曾走遍天下大小动物的食道。在平时，我和食道的老板，都能相安无事。我吃我的，它消化它的。有时，我的吃，还能帮助它的消化呢。牛羊之类吃草的动物，它们的肚肠里若没有我在帮助它们吃，那些生硬的草的纤维素，就不易消化啊。

虽然，有些动物的食道，我是不大愿意去走的。蝎儿的肠腔我怕它太阴毒，某种蠕虫儿的肚子我嫌它太狭窄。北极的白熊，印度的蝙蝠，它们的食道，我也很少去光顾，我是受不了不良环境与气候的威胁呀！

我到处奔走求食，我在食道上有深久的阅历，我以为环境最优良、最丰腴（yú）的食道，要数人类的肚肠了。这在前面我已宣扬过了：

　　人类的肚肠，是我的天堂，
　　那儿没有干焦冻饿的恐慌，
　　那儿有吃不尽的食粮。

反问，渺小的细菌可以进入所有动物的食道，突出了细菌的小。

细菌也很"挑剔"，并不是所有动物的食道它们都愿意光顾。

比喻，将人类的肚肠比作细菌的天堂，说明人类的消化道为细菌提供了优良的环境、丰足的食物。

人类这东西，也是最贪吃的生物，他的肚子，就是弱小动植物的坟墓，生物到了他的口里，都早已一命呜呼了。独有我菌儿这一群，能偷偷地渡过他的胃汁，于是他肠子里的积蓄，就变成我的粮仓食库了。在消化过程中的菜饭鱼肉，就变成我的沿途食摊了。在这条大道上，我一路吃，一路走，冲过了一关又一关，途中风光景物，真是美不胜收，几乎到处都拥挤不堪，我真可谓饱尝其中的滋味了。虽然，我有时也厌倦这种贵族式的油腻的生活，巴不得早点儿溜出肛门之外。

然而，在平时，我的大部分菌众，始终都认为人类的肠腑是我最美满的乐土，尤其是在这人类称霸的时代，地球上的食粮尽归他所统治，他的食道，实在是食物的大市场，食物的王国啊。我若离开他的身体再到别的地方去谋生，那最终是要使我失望的啊。

这种道理，我的菌众似乎都很明白，因此，不论远近，只要有机可乘，我就一跃而登人类的大口。这是占领食道的先声。

用"贵族式的油腻"来形容细菌在人类肠道中的生活，侧面表现出人类肠道中的食物之多。

在他的大口里，就有不少的食物的渣滓皮屑，都是已死去的动植物的细胞和细胞的附属品，在齿缝舌底之间填积着，可供我的浅斟慢酌，我也可以兴旺一时了。然而，我在大口里，老是站不住脚的。口津如温泉一般滚流不息，强盛的血液又使我战栗，吞食的动作又把我卷入食管里面去了。不然的话，我一旦得势，攻陷了黏膜，那张堂皇的大口，就要臭烂出脓了。

到了食管，顺着食管动荡的力量，长驱直入，我的先头部队，早已进抵胃的边岸了。扑通一声，我堕入黑洞洞、热滚滚、酸溜溜、毒辣辣的胃汁的深渊里去了。不幸的是我的大部分菌众都白白地浸死了。剩下了少数顽强的分子，它们有油滑的荚膜披体，有坚实的芽孢护身，一冲都冲过了这食道上最险恶的难关，安然达到胃的彼岸了。

有的人，胃的内部受了压迫，酿成了胃细胞怠工的风潮，胃汁的产量不足，酸度太淡，消化力不够强，我是不怕他的了，就是从来渡不过胃河的菌众，现在也都踉（liàng）跄（qiàng）地过去了。

细菌还能进入口腔，我们要勤刷牙，勤漱口，保持口腔卫生。

人类的胃液酸性极强，能够抵御大量的细菌。

字词释义，"踉跄"形容走路不稳的样子。

有的时候，胃壁上陡地长出一个团团的怪东西，是一种畸形的，多余的发育，科学先生给它一个特殊的名称叫作"癌"。"癌"，这不中用的细胞的大结合，我就毫不客气地占领了它，作为我攻人的特务机关了。

一越过了有皱纹的胃的幽门，食道上的景色就要一变，变成了重重叠叠的，有"绒毛"的小肠的景色了。酸酸的胃汁流到了这里，就渐渐地减退了它的酸性。同时，黄黄的胆汁自肝来，清清的胰汁自胰腺来，黏黏的肠汁自肠腺里涌出，这些人体里的液汁，都有调剂酸性的本能。经过了胃的一番消化作用的食物，一到小肠，就渐渐成为中性的食物了。中性是由酸入碱必经的一个段落。在这个段落里，我就敢开始吃的劳作了。

不过，我还有所顾忌，就是那些食物身上还蕴蓄着不少"缓冲的酸性"，随时都会发生动摇，而把大好的小肠，又有变成酸溜溜的可能。所以在小肠里，我的菌众仍是不肯长久居留的，我仍是不大得意的啊！

蠕动的小肠，依照它在食道上的形势和它的绒毛的式样，可分为三大段。第一段

食物从胃部进入小肠后，就会被碱性的胆汁、胰液、肠汁所中和，降低酸性。

是十二指肠，全段只有十二个指头并排在一起那么长，紧接着是胃的幽门。第二段是空肠，食物运到这里，是随到随空的，不是被肠膜所吸收，就是急促地向下推移。第三段是回肠，它的蜿蜒曲折千回百转的路途，急煞了混在食物里面的我，我的行动是受了影响了，而同时食物的大部分珍美的滋养料，也就在这里，都被肠壁的细胞提走了。

我辛辛苦苦地在小肠的道上，一段一段地推进，一步一步我的胆子壮起来了。不料刚刚走到酸性全都消失的地方，好吃的东西，出其不意地，又都被人体的细胞抢去吃了。我深恨那肠壁四周的细胞。

小肠的曲折，到了盲肠的界口就终止了。盲肠是大肠的起点。在盲肠的小角落里，我发现了一条小小的死巷堂，是一条尾巴似的突出的东西，食物偶尔堕落进去，就不得出来。我也常常占领了它作为攻人的战壕，因此人山上就发生了盲肠炎的恐慌。

到了大肠了。大肠是一条没有绒毛的平坦大道，在人山的腹部里面绕了一个大弯。已经被小肠榨取去精华的食物，到了这里，

人体细胞也会吸收肠道中的食物。

只配叫作食渣了。这食渣的运输极其迟缓，愈积愈多，拥挤得几乎透不过气。我伏在这食渣上，顺着大肠的趋势，慢慢往上升，慢慢横着走，慢慢向下降，过了乙状结肠，到了直肠，这是食道上的最后一站，就望见肛门之口，别有一番天地了。

食渣一到了大肠的最后的一段，一切可供为养料的东西，都已被肠膜的细胞和我的菌众洗劫一空了，所剩下的只是我无数万菌众的尸身和不能消化的残余，再染上胆汁之类的彩色，简直只配叫作屎了。屎这不雅的名称，倒有一点儿写实的意思。

多事的科学先生，曾费了一番苦心去研究屎的内容，他们发现了屎的总量的 1/4 至 1/3 都是尸，尸就是指我而言。据说，我的菌群，从成人的肛门口所逃出的，每天总有 8 克重量的我，真不算少，估计起来，约有 128000000000000000000 之多的菌尸。128 之后，又拖上了 18 个零，这数字是多么惊人。由此可以想见大肠里的情形是如何的热闹了。

然而，在十二指肠的时候，我才从死

动作描写，"伏""走"等一系列动作，生动形象地描写出了细菌在大肠中运动的情形。

列数字，列出一长串数字，向读者展示出菌群的数量之多。

海里逃生，我的神志，犹昏昏沉沉，我的菌数，殆寥寥无几，这些大肠里异常热闹的菌众，当然是到了大肠之后才繁殖出来的。我的先头部队，只需在每一群中，各选出几位有力的代表，做开路的先锋，以后就可以生生世世坐在肠腔里传子传孙了。

在我的先头部队之中，最先踏进肠口的，是我最疼爱的一个孩子。它是不怕酸的一员健将，它顶顶爱吃的东西就是乳酸。它常在乳峰里鬼混，它混在乳汁里面悄悄地冲进婴儿的食道里来了。在婴儿寂寞的肠腔里，感到孤独悲哀而呻吟的，就是它。它还有一位性情相近的兄弟，那是从牛奶房里来的，也老早就到人山的食道上了。

对比，没有断奶的婴儿肠道相对比较干净，只有两种细菌，一旦断奶开始吃饭，肠道里的菌种就多了起来。

在婴儿没有断乳以前的肠腔，这两弟兄是出了十足的风头，红极一时的。婴儿一断了乳，四方的菌众都纷纷而至，要求它俩让出地盘。它们一失了势，从此就沉默下去了。

这些后来的菌众之中，最值得注意的是我的两个最出色的孩子，这两个都是爱吃糖的孩子。它们吃过了糖之后，就会使那糖发酵。

这两个孩子，一个就是鼎鼎大名的"大肠杆菌"，看它的名字，就晓得它的来历。它的足迹遍布天下动物的肚肠，只有鱼儿蛤儿之类冷血动物的肠腔，它似乎住不惯。科学先生曾举它做粪的代表，它在哪儿，哪儿便有沾了粪的嫌疑了。

那另一个，也有游历全世界肚肠的经验。它身上是有芽孢的，它的行旅是更顺利了。不过，它有一种怪脾气，好在黑暗没有空气的角落里过日子，有新鲜空气的地方，反而不能生存下去。这是"厌气菌"的特色。肚肠里的环境，恰恰适合了这种奇怪的生活条件。

我的孩子们有这一种怪脾气的很多，还有一个，也在肚肠里谋生。它很淘气，常害人得"破伤风"的大病，在肠腔里，它却不作怪。你们中国北平工人的肠腔里，就收留了不少它的芽孢。这大概是由于劳苦的工人多和土壤接近吧！我的这个孩子本来伏在土壤里面。尤其是在北平，大风刮起漫天的尘沙，人力车夫张着大口喘息不定地在奔跑，

大肠杆菌可以通过人类或动物的粪便进行传播，在医学上曾被称为粪的代表。

字词释义，"厌气菌"也叫厌氧菌。

字词释义，"北平"是北京的旧称。

它的机会就来了。

反问，此处
强调了细菌进入
人类食道的机会
非常多。

　　其实，我要攀登人山上食道的机会，真多着哪！哪一条食道不是完全公开的呢？我的孩子们，谁有不怕酸的本领，谁能顽强抵抗人体的攻击，谁就能一堑（qiàn）一堑冲进去了。在这人山正忙着过年节的当儿，我的菌众就更加活跃了。

　　我虽这样占领了食道，占领了人类的肚肠，仍逃不过科学先生灼灼似贼的眼光。有时人们会叫肚子痛，或大吐大泻，于是他们的目光，又都射到我的身上了，又要提我到实验室审问去了。那胡子的门徒又在作法了，号称天堂的肚肠，也不是我的安乐窝了。哎！我真晦气！

肠腔里的会议

崎岖的食道，纷乱的肠腔，
我饱尝了"糖类"和"蛋白质"的滋味。
我看着我的孩子们，一群又一群，
齐来到幽门之内，开了一个盛大的会议，
有的鼓起芽孢，有的舞着鞭毛，

尽情地欢宴，

尽量地欢宴。

天晓得，乐极悲来，好事多磨，

突然伸来科学先生的怪手，

我又被囚入玻璃小塔了；

无情之火烧，毒辣之汁浇，

我的菌众一一都遭难了。

烧就烧，浇就浇，我是始终不屈服！

他的手段高，我的菌众多，我是永远不
屈服！

这肠腔里的会议是值得纪念的。

这肠腔里的"菌才"是济济一堂的。

从寂寞婴儿的肠腔，变成热闹成人的
肠腔，我的孩子们，先先后后来到此间的一
共有八大群，我现在一群一群地来介绍一
下吧。

俨然以大肠的主人翁自居的"大肠杆
菌"，酸溜溜从乳峰之口奔下来的"乳酸杆
菌"，以不要现成的氧气为生存条件的"厌
氧杆菌"，这三群孩子我在前一章已经提出，
这里不再啰唆了。其他的五大群呢？其他的
五大群也曾在肠腔里兴旺过一时。

菌众的数量
真多啊，无论科
学家用火烧还是
用汁浇，都不能
彻底消灭它们。

比喻，将"吃屎链球菌"的身体比作圆球，形象地写出了它的形状和状态。

第四群，是"链球儿"那一房所出的，它的身子是那样圆圆的小球儿似的，有时成串，有时成双，有时单独地出现。科学先生看见它，吃了一惊，后来知道它在肚子里并不作怪，就给它起了一个绰号，叫作"吃屎链球菌"。"链球菌"这三个字多么威风！这是承认它是肺港之役曾出过风头的"吃血链球菌"的小兄弟了。而今乃冠之以吃屎，是笑它的不中用，只配吃屎了。我这群可怜的孩子，是给科学先生所侮辱了。然而这倒可以反映出它在肠腔里的地位啊！

第五群，是"化腐杆儿"那一房所出的，它的小棒儿似的身体，蛮像"大肠杆菌"，不过，它有时变为粗短，有时变为细长，因此科学先生称它作"变形杆菌"。它浑身都是鞭毛，因此它的行动极其迅速而活泼。它好在阴沟粪土里盘桓，一切不干净的空气，不漂亮的水，常有它的踪迹。它爱吃的尽是些腐肉烂尸及一切腐败的蛋白质，它真是腐体寄生物中的小霸王。在哪儿发现它，哪儿便有臭腐的嫌疑。它闻到了这肠腔里臭味冲天，料到这儿有不少腐烂的蛋白质在堆积着，因

此处从形状、喜恶等方面对变形杆菌进行了详细介绍。

此它就混在剩余的肉汤菜渣里滚进来了。

在肠腔里，它虽能安静地干它化解腐物的工作，但它所化解出来的东西，往往含有一点儿毒质，而使肠膜的细胞感到不安。科学先生怀疑它和胃肠炎的案件有关，因此它就屡次被捕了。如今这案件还在争讼不已，真是我这孩子的不幸。

第六群，是"芽孢杆儿"那一房所出的，也是小棒儿似的样子，它的头上却长出一颗坚实的芽孢。它很有耐性，行动飞快。它的地盘也很大，乡村的土壤和城市的空气中，都寻得着它。它爱喝的是咸水，爱吃的是枯草烂叶。它也是有名的腐体寄生物，不过它的寄主多数都是植物的后身，因此科学先生称它作"枯草杆菌"。它大概是闻知了这肠腔里有青菜萝卜的气味，就紧抱着它的芽孢，而飘来这里借宿了。有那样坚实的芽孢，胃汁很难浸死它，它这一群冲进幽门的着实不少啊。

在新鲜的粪汁里，科学先生常发现一大堆它的芽孢。它又常到实验室里去偷吃玻璃小塔中的食粮，因此实验室里的"掌柜们"

将变形杆菌屡次被科学家采集写成了"被捕"，语言生动，富有趣味！

作诠释，此处解释了枯草杆菌名字的由来，也介绍了其吃喝的喜好，加深了读者对枯草杆菌的了解。

都十分讨厌它。但因为它毕竟是和平柔顺的分子，在大人先生的肚子里并没有闹过乱子，科学先生待它也特别宽容，不常加以逮捕。这真是这吃素的孩子的大幸。

第七群，是"螺旋儿"那一房所出的，它的态度有点儿不明，而使科学先生狐疑不定。它一被科学先生捉了去，就坚决地绝食以反抗，所以那玻璃小塔里，是很难养活它的。后来还亏东方有一位什么博士，用活肉活血来请它吃，它的真相乃得以大明。它那像螺丝钉一般的身儿，弯了一弯又一弯，真是在高等动物的温暖而肥美的血肉里娇养惯了，一旦被人家拖出来，才那样难养。大概我的孩子们过惯了人体舒适的生活的，都有这样古怪的脾气，而这脾气在螺旋儿这一群，是显得格外厉害的了。

虽然，我这螺旋儿，有时候因为寻不着适当的人体公寓，暂在昆虫小客栈里借宿，以昆虫为"中间宿主"。在形态上、在性格上本来已经有"原动物"的嫌疑的它，更有什么中间宿主这秘密的勾当，愈加使科学先生不肯相信它是我菌儿的后裔（yì）了。于是就

比喻，把"螺旋儿"比作螺丝钉，生动地表现了"螺旋儿"的形状。

有人居间调停了，叫它作"螺旋体"，说它是生物界的中立派，跨在动植物两界之间吧。这些都是科学先生的事，我何必去管。

我只晓得，它和我的其他各群孩子们过从很密。在口腔里，在牙龈上，在舌底下，我们都时常会见。在肠腔里，我们也都在一块儿住，一块儿吃，它也服服帖帖的，并不出奇生事。要等它溜进血川血河里，这才大显其身手，它原是血水的强盗。

第八群，是"酵儿"和"霉儿"。它们并不是我自己的孩子，而是我的大房二房兄弟所出的，算起来还是我的侄儿哩。它们都是制酒发酵的专家。不过它们也时常到人类肚子里来游历，所以在这肠腔里集会的时候，它也列席了。

那酵儿在我族里算是较大的个子，它那像小山芋似的胖胖的身体是很容易被认出的。它的老家是土壤，它常伏在马蜂、蜜蜂之类的昆虫的脚下飞游，有时被这些昆虫带到葡萄之类的果皮上。它就在那儿繁殖起来，那葡萄就会变酸了，它也就是从这酸葡萄酸茶之类的食物滚进人山的口洞里来了。

比喻，将螺旋菌比作强盗，生动地表现出了螺旋菌在人类血水里肆虐猖狂的样子。

比喻，用"小山芋"来比喻"酵儿"的身体，突出了"酵儿"的胖。

酒桶里没有它，酒就造不成，中国的古人早就知道了，不过看不出它是活生生的生物罢了。它的种类也很多，所造出来的酒也各不相同。法国的酒商曾为这事情闹到了胡子科学先生的面前。

那霉儿，它的身子像游丝似的，几个十几个细胞连在一起。它是无所不吃的生物，它的生殖力又极强，气候的寒热干湿它都能忍耐过去，尤其是在四五月之间毛毛雨的天气里，它最盛行了。因此它的地盘之大，我们的菌众都比不上它。它有强烈的酵素，它所到的地方，一切有机体的内部都会起变化，人类的衣服、家具、食品等东西被它毁损了。然而它的发酵作用并不完全有害，人类有许多工业都靠着它来维持哩。

关于这两群孩子的事实还很多，将来也要请笔记先生替它立传，我这里不过附带声明一声罢了。

以上所说的八大群的菌众，先后都赶到大肠里集会了。

"乳酸杆儿"是吃糖产酸那一房的代表。

"大肠杆儿"是在肠子里淘气的那一房的

比喻，大部分霉菌都是由菌丝组成的，"游丝"一词将霉菌的形状生动形象地展现出来了。

代表。

"厌氧杆儿"是讨厌氧气那一房的代表。

"吃屎链球儿"是球族那一房的代表。

"变形杆儿"是吃死肉那一房的代表。

"芽孢杆儿"是吃枯草烂叶那一房的代表。

"螺旋儿"是螺旋那一房的代表。

"酵儿"和"霉儿"是发酵造酒那两房的代表。

这八群虽然不足以代表大肠的全体菌众，但是它们是大肠里最活跃最显著最有势力的分子了。

在以前几章的自传里，我并没有谈到我自己的形态，在本章里我也只略略地提出。那是因为你们没有福气看到显微镜的大众，总没有机会会见我，我就是描写得非常精细，你们的脑袋里也不会得到深刻的印象。在这里，你们只需记得我的三种外表的轮廓就得了，也就是球形、杆形和螺旋形三种。

还有芽孢、荚膜、鞭毛也是我身上的特点，这里我也不必详细去谈它。

然而，我认为你们应当格外注意的，就

概述说明，此处总结了菌众中主要的八个群体，它们活跃于人类的大肠中。

概述说明，菌众的形状主要分为球形、杆形和螺旋形三种。

是我在大肠里面是怎样的吃法，这和你们的身体很有利害关系啊。

我这八群的孩子，它们的食癖，总说起来可分为两大党派：一派是吃糖，糖就是碳水化合物的代表；一派是吃肉，肉是蛋白质的代表。

它们吃了糖就会使那糖发酵变酸。

它们吃了肉就会使那肉化腐变臭。

这酸与臭就是我在生理化学上的两大作用呀。

然而大肠里蛋白质与碳水化合物的分布是极不平均的。和尚尼姑的大肠里大约是糖多，阔佬富翁的大肠里大约是肉多。

糖多，我的爱吃糖的孩子们，如乳酸杆儿之群，就可以勃兴了。

肉多，我的爱吃肉的孩子们，如变形杆儿之群，就可以繁盛了。

乳酸杆儿勃兴的时候，是对你们大人先生的健康有益的，因为它吃了糖就会产出大量的酸。在酸汁浸润的肠腔里，吃肉的菌众是永远不会得志的，而且就是我那一群淘气的野孩子们，偶尔闯进来，也会立刻被酸

分类，分类介绍了菌众中"吃糖"和"吃肉"两派的特点，将菌众在人体内的变化及菌众对人体的危害清晰地呈现在读者面前。

所扫灭了。所以在乳酸杆儿极度繁荣的肠腔里，人身上是不会发生伤寒病之类的乱子的。所以今天的科学医生常利用它来治疗伤寒。

伤寒的确是你们的极可怕的一种肠胃传染病，是我的一群凶恶的野孩子在<u>作祟</u>。这野孩子就是大肠杆儿那一房所出的。在烂鱼烂肉那些腐败的蛋白质的环境里，它就极容易发作起来。害人得痢疾的野孩子也是这一房所出的。害人得急性胃肠病的也是这一房所出的。它们都希望有大量的肉渣鱼屑，从胃的幽门运进来。还有霍乱那极淘气的孩子，也是这样的脾气。

<u>就是这些野孩子不在肠腔里的时候，如果肠腔里的蛋白质堆积得过多，别的菌众也会因吃得过火，而使那些蛋白质化解成为毒质。</u>

专会化解蛋白质成为毒质的，要算是著名的"腊肠毒杆儿"了，这杆儿是我的厌气那一房孩子所出的。这些厌气的孩子们，身上也都带着坚实的芽孢，既不怕热力的攻击，又不怕酸汁的浸润，很容易就给它溜进

肠腔里来了。

那八大群的菌众是肠腔会议中经常出席的，这些淘气的野孩子们是偶尔进来列席旁听的。我们所讨论的议案是什么？那是要严守秘密的啊！

不幸这些秘密都被胡子科学先生的徒子徒孙们一点一点地查出来了。

于是这八大群的孩子们、淘气的野孩子们及其他菌众一个个都锒（láng）铛（dāng）入狱，被拘留在玻璃小塔里面了。

字词释义
"锒铛"是指铁锁链。

科学先生这是要研究出对付我们的圆满的办法啊。

清除腐物

真想不到，我现在竟在这里，受实验室的活罪。

科学的刑具架在我的身上，

显微镜的怪光照得我浑身通亮；

蒸锅里的热气烫得我发昏，

毒辣的药汁使我的细胞起了溃伤；

亮晶晶的玻璃小塔里虽有新鲜的食粮，

那终究要变成我生命的屠宰场。

从冰箱到暖室，从暖室又被送进冰箱，

三天一审，五天一问，

侦查出我在外界怎样活动，

揭发了我在人间行凶的真相。

于是科学先生指天画地地公布我的罪状，

口口声声大骂我这微生物太荒唐，

自私的人类，都在诅咒我的灭亡，

一提起我的怪名，

他们不是怨天，就是"尤人"（这人是指我）！

怨天就是说："天既生人，为什么又生出这鬼鬼祟祟的细菌，暗地里在谋害人命？"

"尤人"就说："细菌这可恶的小东西，和我们势不两立，恨不得将天下的细菌一网打尽！"

这些近视眼的科学先生和盲目的人类大众，都以为我的生存是专跟他们作对似的，其实我哪里有这等疯狂？

他们抽出片段的事实，抹杀了我全部的本相。

描述了细菌在实验室中所受的"活罪"，也展现了科学家研究细菌的方法。

语言描写，通过人类"怨天尤人"的话语，表现出细菌的可恶以及人类对细菌的憎恨。

我真有冤难申，我微弱的呼声打不进大人先生的耳门。

现在亏了有这位笔记先生，自愿替我立传，我乃得向全世界的人民将我的苦衷宣扬。

我菌儿真的和人类势不两立吗？这一问未免使我的小胞心有点儿心酸！

天哪！我哪里有这样的狠心肠，人类对我竟生出这样严重的恶感。

在生存竞争的过程中，哪个生物没有越轨的举动？人类不也在宰鸡杀羊，折花砍木，残杀了无数动物的生命，伤害了无数植物的健康？而今那些传染病暴发的事件，也不过是我那一群号称"毒菌"的野孩子们，偶尔为着争食而突起的暴动罢了。

正和人群中之有帝国主义者，兽群中之有猛虎毒蛇类似，我菌群中也有了这狠毒的病菌。它们都是横暴的侵略者，残酷的杀戮者，阴险的集体安全的破坏者，真是丢尽了生物界的面子，闹得地球不太平。

我那一群野孩子们粗暴的行为虽时常使人类陷入深沉的苦痛，但这毕竟是我族中少数不良分子的丑行，败坏了我的名声。老实

打比方，用"人群中的帝国主义者""兽群中的猛虎毒蛇"来说明毒菌在菌群中所扮演的角色。

此处强调了并不是所有细菌都对人类有危害。

说这并不是我完全的罪过啊！我菌众并不都是这么凶呀！

我那长年流落的生活，踏遍了现在世界一切污浊的地方，在臭秽（huì）中求生存，在潮湿处传子孙，与卑贱下流的东西为伍，忍受着那冬天的冰雪，被困于那燥热的太阳，无非是要执行我在宇宙间的神圣职务。

我本是土壤里的劳动者，大地上的"清道夫"，我除污秽，解固体，变废物为有用。

有人说，我也就是废物的一分子，那真是他的大错，他对于事实的蒙昧了。

我飞来飘去，虽常和腐肉、烂尸、枯草、朽木之类混居杂处，但我并不同流合污，不做废物的傀（kuǐ）儡（lěi），而是它们的主宰，我是负有清除它们的使命啊！

字词释义，"傀儡"指木偶戏里的木头人，比喻受人操纵的人或组织。

喂！自命不凡的人类啊！不要藐视我这低级的使命吧！这世界是集体经营的世界！不是上帝或任何独裁者所能一手包办的。地球的繁荣是靠着我们全体生物界的努力，我们无贵无贱的都要共同合作啊！

在生物界的分工合作中，我菌儿微弱的单细胞所尽的薄力，虽只有看不见的一点一滴，然而我集合无限量的菌众，发挥起伟大的团结力量，也能移山倒海，也能呼风唤雨呀！

> 我移的是土壤之山，
> 我倒的是废物之海，
> 我呼的是酵素之风，
> 我唤的是氮气之雨。

我悄悄地伏在土壤里工作，已经历过数不清的年头了。我化解了废物，充实了土壤的内容，植物不断地向它榨取原料，而它仍能源源地供给不竭，这还不是我的功绩吗？

我怎样化解废物呢？

我有发酵的本领，我有分解蛋白质的技能，我又有溶解脂肪的特长啊。

在自然界的演变途中，旧的不断地在毁灭，新的不断地从毁灭的余烬中诞生。我的命运也是这样。我的细胞不断地在毁灭与产生，我是需要向环境索取原料的。这些原料大都是别人家细胞的尸体。人家的细胞虽死，它内容的滋养成分不灭，我深明这一点。但我不能将那死气沉沉的内容，不折不

反问，强调了细菌具有改造土壤的作用。

设问，细菌自问自答的对话，将其化解废物的方式清晰地展现出来。

扣地照原样全盘收纳进去。我必须将它的顽固的内容拆散，像拆散一座破旧的高楼，用那残砖断瓦、破栋旧梁，重新改建好几所平房似的。

因此，我在自然界里面，有一大部分的职务，便是整天整夜地坐在生物的尸身上，干那拆散旧细胞的工作。虽然有时我的孩子们因吃得过火，连那附近的活生生的细胞都侵犯了。这是它们的唐突，这也许就是我菌儿所以开罪于人类的原因吧！

那些已死去的生物的细胞，多少总还含点儿蛋白质、糖类、脂肪、水、无机盐和活力素（维生素）六种成分吧。这六种成分，我的小小而孤单的细胞里面，也都需要着，一种也不能缺少。

这六种中间，以水和活力素最容易消失，也最容易吸收，其次就是无机盐，它的分量本来就不多，也不难穿过我的细胞膜。只有那些结构复杂而又坚实的蛋白质、糖类和脂肪等，我才费尽了力气，将它们一点一点地软化下去，一丝一丝地分解出来，变成了简单的物体，然后才能引渡它们过来，作

比喻，将细菌对自然界里的物质进行拆解的过程描写得生动形象。

概述说明，此处介绍了生物细胞中六种成分的特点，以及细菌在这些物质间的作用。

为我新细胞建设与发展的材料。

是蛋白质吧，它的名目很多，性质各异，我就统统要使它一步一步地返本归元，最后都化成了氨、一氧化氮、硝酸盐、氮、硫化氢、甲烷，乃至于二氧化碳及水，如此之类最简单的化学品了。

这种工作，有个专门名词，叫作"化腐作用"，把已经没有生命的腐败的蛋白质化解走了。这时候往往有一阵怪难闻的气味，冲进旁观的人的鼻孔里去。

于是那旁观的人就说："这东西臭了，坏了！"

那正是我化解腐物的工作最有成绩的时刻啊！担任这种工作的主角，都是我那一群"厌气"的孩子们。它们无须氧的帮忙，就在黑暗潮湿的角落里，腐物堆积的地方，大肆活动起来！

是糖类吧，它的式样也有种种，结构也各不同，从生硬的纤维素，顽固的淀粉到较为轻松的乳糖、葡萄糖之类，我也得按部就班地逐渐把它们解放了，变成了酪酸、乳酸、醋酸、蚁酸、二氧化碳及水之类的起码

语言描写，侧面展现出细胞进行"化腐作用"时所散发的味道之臭。

货色了。

是脂肪吧，我就得把它化成甘油和脂酸之类的初级分子了。

蛋白质、糖类和脂肪，这许多复杂的有机物，都是以碳为中心。碳在这里实在是各种化学元素大团结的枢纽。我现在要打散这个大团结，使各元素从碳的连锁中解放出来，重新组织适合于我细胞所需要的小型有机物，这种分解的工作，能使地球上一切腐败的东西，都现出原形，归还了土壤，使土壤的原料无缺。

我生生世世，子子孙孙，都在这方面不断努力着，我所得的酬劳，也只是延续了我种我族的生命而已。而今，我的野孩子们不幸有越轨的举动，竟招惹人类永久的仇恨，我真抱憾无穷了。

然而有人又要非难我了，说："腐物的化解，也许是'氧化'作用吧！你这小东西连一粒灰尘都抬不起，有什么能力，用什么工具，竟敢冒称这大地上清除腐物的成绩都是你的功劳呢？"这问题，19世纪的科学先生曾闹过一番热烈的论战。

事物皆有利弊，其实细菌一族也有有利于自然和人类的一面，我们要做到趋利避害。

语言描写，一些人提出质疑，小小的细菌怎么会做出如此大的贡献呢？

在这里最能了解我的，还是那我素来所憎恨的胡子先生。他花了许多年的工夫，埋头苦干地在试验，结果他完全证实了发酵和化腐的过程，并不是什么氧化作用。没有我这一群微生物在活动，发酵是永远发不成功的啊！

我有什么特殊的能力呢？

我的细胞里面有一件微妙的法宝。

这法宝，科学先生叫它作"酵素"，中文的译名有时又叫作"酶"，大约这东西总有点儿酒或醋的气息吧！

这法宝，研究生理化学的人，早就知道它的存在了。可惜他们只看出它的活动的影响，看不清它的内容的结构，我的纯粹酵素人们始终不能把它分离出来。因此多疑的科学先生又说它有两种了：一种是有生机的酵素，一种是无生机的酵素。

那无生机的酵素，是指"蛋白酵""淀粉酵"之类那些高等动植物身上所有的分泌物。它们无须活细胞在旁监视，也能促进化解腐物的工作。因此科学先生就认为它们是没有生机的酵素了。

设问，通过提出问题，激发读者兴趣，让人更想了解细菌的"特殊的能力"。

那有生机的酵素，就是指我的细胞里面所存的这微妙的法宝。在酒桶里，在醋瓮（wèng）里，在腌菜的锅子里，胡子的门徒们观察了我的工作成绩，以为这是我的新陈代谢的作用，以为我这发酵的功能是我细胞全部活动的结果，因而以为我菌儿的本身就是一种有生机的酵素了。

我在生理化学的实验室里听到了这些理论，心里怪难受的。

酵素就是酵素，有什么有生机的和无生机的可分呢。我的酵素也可以从我的细胞内部榨取出来，那榨取出来的东西，和其他动植物体内的酵素原是一类的东西。酵素总是细胞的产物吧。虽是细胞的产物，它却都能离开细胞而自由活动。它的行为有点儿像化学界的媒婆，它的光顾能促成各种化学分子加速结合或分离，而它自己的内容并不起什么变化。

在化学反应的过程中，这酵素永远是站在第三者的地位，保持着自己的本来面目。然而它却不守中立，没有它的参加，化学物质各分子间的关系，不会那样紧张，不会引

拟人，细菌听了科学家的理论心里感到难受，说明科学家将酵素分为"有生机"和"无生机"是不科学的。

起很快的突变，它算是有激动化学的变化之功了。

没有酵素在活动，全生物界的进展就要停滞了。尤其是苦了我！它是我随身的法宝。失去它，我的一切工作都不能进行了。

虽然，我也只觉着它有这神妙的作用。我有了它，就像人类有了双手和大脑，任何艰苦的生活，都可以积极地去克服。有了它，蛋白质碰到我就要松，糖类碰到我就要分散，脂肪碰到我就要溶解，都成为很简单的化学品了。有了它，我又能将这些简单的化学品综合起来，成为我自己的胞浆，完成了我的新陈代谢工作，实践了我清除腐物的使命。

这样一说，酵素这法宝真是神通广大。它的内容结构究竟是怎样呢？这问题，真使科学先生煞费苦心了。

有的说："酵素的本身就是一种蛋白质。"

有的说："这是所提取的酵素不纯净，它的身体是被蛋白质所玷污了，它才有蛋白质的嫌疑呀！"

又有的说："酵素是一个活动体，拖着

比喻，将酵素比喻成法宝，强调了酵素对细菌的重要性。

一只胶性的尾巴，由于那胶性尾巴的勾结，那活动体才得以发挥它固有的力量啊！"

还有的说："酵素的活动是一种电的作用。譬如我吧，我之所以能化解腐物，是由于以我的细胞为中心的"电场"，刺激了那腐物基质中的各化学分子，使它们阴阳颠倒，而使它们内部的结构发生变动了。"

这真是越说越玄妙了！

本来，清除腐物是一个浩大无比的工程。腐物是五光十色无所不包的，因而酵素的性质也就复杂而繁多了。每一种蛋白质、每一种糖类、每一种脂肪，甚而至于每一种有机物，都需要特殊的酵素来分解。属于水解作用的，有水解的酵素；属于氧化作用的，有氧化的酵素；属于复位作用的，有复位的酵素。举也举不尽了。这些错综复杂的酵素，自然不是我那一颗孤单的细胞所能兼收并蓄的。这清除腐物的责任，更非我全体菌众团结一致地担负起来不可！

酵素的能力虽大，它的活动却也受了环境的限制。环境中有种种势力都足以阻挠它的工作，甚至于破坏它的完整。

语言描写，科学家们对酵素的结构有着不同的认识。

由于分解对象的不同，酵素也有很多不同的种类。

列数字，列举具体的数字，说明酵素对温度的适应情况。

环境的温度就是一种主要的势力。在低温度里，它的工作甚为迟缓，温度一高过 70℃，它就很快地感受到威胁而停顿了。35℃到50℃之间，是它最活跃的时候。虽然，我有一种分解蛋白质的酵素，能短期地经过沸点热力的攻击而不灭，那是酵素中最顽强的一员了。

此外，我的酵素也怕阳光的照耀，尤其怕阳光中的紫外线，也怕电流的振荡，也怕强酸的浸润，也怕汞、镍、钴、锌、银、金之类的重金属的盐的侵害，也怕……

此处总结了酵素在生物界的重要作用，酵素真是个宝贝呀！

我不厌其烦地叙述酵素的情形，因为它是生物界的一大特色，是消化与抵抗作用的武器，是细胞生命的靠山，尤其是我清除腐物的巧妙的工具。

我的一呼一吸一吞一吐，

都靠着那在活动的酵素，

那永远不可磨灭的酵素。

然而，在人类的眼中，它又有反动的嫌疑了。

那溶化病人的血球的溶血素，不也是一种

酵素吗？

那麻木人类神经的毒素，不也是酵素的产物吗？

这固然是酵素的变相，我那一群野孩子是吃得过火，

请莫过于仇恨我，这不是我全体的罪过。

<u>您不见我清除腐物的成绩吗？</u>

我还有变更土壤的功业呢！

这地球的繁荣还少不了我，

我的灭绝将带给全生物界以难言的苦恼，

是绝望的苦恼！

反问，细菌对人类的发问，强调了其对人类有利的一面。

土壤革命

土壤，广大的土壤，是我的祖国，是我的家乡，

不知道从什么时候起，我就把生命隐藏在它的怀中，

我在那儿繁殖，我在那儿不停地工作，

那儿有我永久吃不尽的食粮。

有时我吃完了人、兽的尸肉，就伴着那残

余的枯骨长眠；

　　有时我沾湿了农夫的血汗，就舞起鞭毛在地面上游行。

　　在神农氏没有教老百姓耕种的时候，

　　我就已经伏在土中制造植物的食料。

对比，描述了土壤中有无细菌的不同，侧面衬托出细菌对土壤的作用。

　　有我在，荒芜的土地可变成富饶的田园；

　　失去我，满地的绿意，一转眼，都要满目凄凉。

　　沙漠一片枯黄，

　　就因为那儿，我没有立足的地方。

　　在有内容的泥土里，我不曾虚度一刻的时辰，

　　都为着植物的繁荣，为着自然界的复兴。

排比，运用排比句式介绍了细菌可以通过各种途径来到土壤之中。

　　有时我随着沙尘而飞扬，叹身世的飘零；

　　有时我踏着落叶，乘着雨点而下沉；

　　有时我从肚肠溜出，混在粪中，颠沛流离；

　　经过曲曲折折的路途，也都回到土壤会齐。

　　我在地球上虽是行踪无定，

　　我在土壤里却负有变更土壤的使命。

　　变更土壤就是一种革命的工作，

　　是破坏和建设兼程并进的工作。

　　土壤，广大的土壤，原是微生物的王国，

并且，是微生物的联邦。

有小动物之邦，有小植物之邦。

在小动物之邦里，有我所痛恨的原虫，有我所讨厌的线虫，有我所望而生畏的昆虫。

在小植物之邦里，有我所不敢高攀的苔藓，有我所引为同志的酵霉，有我所情投意合的放线菌。

这些形形色色的分子，有些是反动，有些是前进。

看哪！那原虫，我在人山上旅行的时候，已经屡次碰见过了。在肚肠里，酿成一种痢疾的祸变的，不是变形虫的家属吗？在血液里，闹出黑热病的乱子的，不是鞭毛虫的亲族吗？变形虫和鞭毛虫都是顶凶顶狠毒的原虫。它们和我的那一群不安分的野孩子的胡闹，似乎是连成一气的。

它们不但在谋害高贵的人命，连我微弱的胞体也要欺凌。我正在土壤里工作的时候，老远就望见它们了。那耀武扬威的伪足，那神气十足的粗毛，汹汹然而来，好不威风。只恨我，受了环境的限制，行动不自

排比，运用排比的句式，介绍了在小动物和小植物之邦中，分别存在着哪些微生物。

字词释义

"英寸"是一种英美制长度单位，1英寸=2.54厘米。

由，尽力爬了24小时，爬不到1英寸，哪里回避得及，就遭它们的毒手了。

这些可恶的原虫们所盘伏的地层，也就是我所盘伏的地层。在每一克重的土块里，它们的群众，有时多至100万以上，少的也有好几百，其中以鞭毛虫最占多数。它们的存在，给我族的生命以莫大的威胁。它们真是我的死对头。

看哪！那线虫，也是一种阴险而凶恶的虫族，其中以吸血的钩虫尤为凶。它借土壤的潜伏所，不时向人类进攻。中国的农民受它的残害者，真不知有多少。它真是田间的大患。这本与我无干，我在这里提一声，免得你们又来错怪我土壤里的孩子们了。

看哪！那些虫子，如蚯蚓、蚂蚁之徒，是土壤联邦显要的居民。它们的块头颇大，面目狰狞，有些可怕，钻来钻去，骚扰地方，又有些讨厌。不过，它们所走过的区域，土壤为之松软，倒使我的工作顺利。我又有时吃腻了大动物的血肉，常拿它们的尸体来换换口味，也可以解解土中生活的闷气。

蚂蚁和蚯蚓对于我们人类来说是很渺小的，然而它们在微小的细菌眼中却是如此之大。

这些土壤里的小动物们的举动，在我们土壤革命者的眼中，要算是落后，而且有些反动的嫌疑。

土壤里的小植物之邦的公民，就比较先进了。

虽然那苔藓之群，它们的群众密布在土壤的上层，它们有娇滴滴的胞体，绿油油的色素，能直接吸收太阳的光力，制造自己的食粮。然而它们对于土壤的革命，有什么贡献呢？恐怕也只是一种太平的点缀品，是土壤肥沃的表征吧。它们可以说是土壤国的少爷小姐，过着闲适的生活了。

土壤里真正的劳动者，算起来都是我的同宗。酵儿和霉儿就是那里面很活跃的两群。

酵儿在普通的土壤里还不多见，但在酸性的土壤里、在果园里、在葡萄园里，我常遇着它们。没有它们的工作，已经抛弃在地上的果皮花叶，一切果树的残余，怎么会化除完尽呢？

霉儿过着极简单的生活，在各样各式的土壤里我都能遇到它。它这一房所出的角色

比喻，将苔藓比作"少爷小姐"，侧面衬托出细菌对土壤的作用之大。

反问，强调酵儿在酸性土壤中，有着分解果树残余的作用。

真不算少：最常见的，有"头状菌"，有"根足菌"，有"曲菌"，有"笔头菌"，有"念珠状菌"，这些怪名都是描写它们的形态的。它们在土中，能分解蛋白质为氨，能拆散极坚固的纤维素。酸性的土壤是我所不乐于居住的，它们居然也能在那儿蔓延，真是做到我所不能做的革命工作了。

和我的生活更接近的，要算是放线菌那族了。它们那柳丝似的胞体，一条条分枝，一枝枝散开。它们的祖先什么时候和我菌儿分家，变成现在的样子，如今是渺渺茫茫无从查考了。但在土壤里，它仍同我在一起过活，然而它的生存条件似乎比我严格点儿，土壤深到了 30 英寸，它就渐渐无生望，终至于绝迹了。它在土壤最大的任务是分解纤维素，它似乎又有推动氧化其他有机物之功哩。

最后，我该谈到我自己了，我在土壤联邦里，虽是个子最小，年纪最轻，但我的种类却最繁，菌众却最多，革命的力量也最大。

我的菌众，差不多每一房每一系，都

比喻，将放线菌的胞体比作柳丝，形象地将放线菌的形状展现在读者眼前。

列数字，通过一系列数据告诉读者，在深度不同的土壤中，细菌的数量也有所不同。

字词释义，"英尺"为英美制长度单位，1英尺=30.48厘米。

是在土壤里起家。所以在那儿，还有不少球儿、杆儿、螺儿的后代；也有不少硝菌、硫菌、铁菌的遗族。真是济济一堂。

我的菌众估计起来，每一克重的土块，竟有300万至2亿之多。虽然，这也要看入土的深浅，离开地面2英寸至9英寸之深，我的菌数最多。以后入土越深，我也就越稀少了。深过了4英尺，我也要绝迹。然而，在质地轻松的土壤里，我可以长驱直入达到10英尺以内，还有我的部队在垦殖哩。

有这么多的菌群在那么大那么深的土壤盘踞着，繁殖着，无怪乎我声势的浩大，群力的雄厚，我的微生物同辈都赶不上了。

我们这一大群一大群土壤联邦的公民，大多数都是革命的工作者。

土壤革命的工作，需要彻底的破坏，也需要基本的建设，因而我们这些公民，又可分为两大派别。

第一派是"营养自给派"，是建设者之群。它们靠着自身的本事，有的能将无机的元素，如硫、氢之类，有的能将无机的化合物，如氨、二氧化氮、硫化氢之类，有的能将简单的碳化物，如一氧化碳、甲烷之类，都氧化起来，变成植物大众的食粮；又有的能直接吸收空气中的二氧化碳，以补充自己。

在建设工作进行中，这派所用的技术又分两种。有的用化学综合的技术，如硝菌、硫菌、氢菌、甲烷菌、铁菌等，我的这些出色的孩子们，就是这样一群技术能手。看它们的名称就可知道它们的行动了。

有的用光学综合的技术，那满身都是叶绿素的苔藓，就是这一类的技术能手。

然而，没有破坏者之群做它们的先驱，预备好土中的原料，它们也有绝食之忧啊。

第二派是"营养他给派"，那就是土壤的破坏者之群了。它们没有直接利用无机物的本领，只好将别人家现成的有机物，慢慢地侵蚀，慢慢地分解，变成了简单的食粮，一部分饱了自己的细胞，其余的都送还土壤了。

然而有时它们的破坏工作是有些过激了，连那活生生的细胞也要加害，这事情就弄糟了。生物界的纠纷，都是由此而兴，而

"营养自给派"的"自给"是建立在一定条件之上的。

互相残杀的惨变层出不穷。我所痛恨的原虫就是这样残酷的一群。

至于我菌儿，虽也是这一派的中坚分子，但我和我的同志们（指酵儿、霉儿及放线菌等），所干的破坏工作，是有意识的破坏，是化解死物的破坏，是纯粹为了土壤的革命而破坏。

菌儿所干的"破坏"工作是有利于土壤的。

土壤的革命日夜不停地在酝酿着，我们也一刻没有休息过。然而这浩大无比的工程，需要全体土壤公民的分工合作。破坏了而又建设，建设了而又破坏，究竟是谁先谁后，如今是千头万绪，分也分不清了。

概述说明，说明了两个"派别"之间你中有我，我中有你的紧密关系。

总之，没有"营养他给派"的破坏，"营养自给派"也无从建设；没有"营养自给派"的建设，"营养他给派"也无所破坏。这两派里，都有我的菌众参加，我在生物界地位的重要是绝对不可抹杀的事实。而今近视眼的科学先生和盲目的人类大众，若只因一时的气愤，为了我的那些少数不良分子的蛮动，而诅咒我的灭亡，那真是冤屈了我在土壤里的苦心经营。

经济关系

我正伏在土壤里面，日夜不停地做工，忽然望见一片乌云，遮住了中国古城的天空。顷刻间，狂风暴雨大作，冲来了一阵火药的气味，几乎使我的细胞窒息。我鼓起鞭毛东张西望，但见平津一带炮火连天，尸血满地！

这又将加重我清除腐物烂尸的负担了。

这人类的自相残杀，本与我无干，我何必多嘴。

然而不幸战事倘若延长下去，就有这样黑心眼的人想要利用细菌战了。这几年来，细菌战的声浪，不是也随着大战的呼声而高扬吗？

奇异而又不足奇异的是细菌战。那是说，他们要请出我那一群蛮狠凶顽的野孩子，人们所痛恨的病菌，来助战了，使我菌儿也卷入战争的旋涡了。这如何不引起我的特别注意呀！

本来，我的野孩子们平日都在和人作战。战争一发，更给了它们攻人的机会。它

场面描写，透过细菌的视角，展现出一幅残酷、黑暗的战争画面。

们自然就会闻风赶到了。

我想到这里，不禁打了一个寒噤，我的荚膜和鞭毛都战战栗栗抖动起来了。

将来战事一旦结束，人类触目伤心，能不怪我的无情吗？在平时，我本有传染病的罪名；在战时，我又加上帮凶的暴行呀！他们要更加痛恨我了。

呵呵！我的这些孩子们，真是害群之马，由于它们的猖獗，使人类大众莫不谈"菌"色变，使许多人犹认为"细菌"二字是多么不祥而可怕的名词。这真是我菌儿的大耻啊。

排比，运用
排比的句式列举
出三种负面群体，
说明大部分细菌
都是"勤劳踏实"
的好细菌。

老实说，我的大部分菌众，不像资本家，靠着榨取而生存；不像帝国主义者，靠着侵略而生存；不像病菌，靠着传染病而生存。我的大部分菌众都是善良的细菌，生物界最忠实的劳动者，靠着自身劳动所得而生存。

我在土壤革命的过程中，经常担任几个部门中最重要的工作。这在前章已经讲述过了。

在土壤里，我不但会分解腐物以充实土

壤的内容，我还会直接和豆科之类的植物合作哩。

在豆根的尖头，我轻轻地爬上它弯弯的根须，我爬进了豆根的内质，飞快地繁殖起来，由内层蔓延到外层，使豆根肿胀了，长出一粒一粒的瘤子。这就是"豆根瘤"的现象。

"豆根瘤"的现象是由根瘤菌引起的。

就这样，我和豆根的细胞取得密切联络，实行同居了。隐藏在豆根瘤里面的我的菌众，都是技术能手。它们都会吸收空气中的氮，把它变成了硝酸盐，送给豆细胞，作为营养的礼物，同时也接收了豆细胞送给它们的赠品——大量的糖类。

这真是生物界共存共荣的好榜样，一丝儿也没有侵略者的虚伪的气息。

种植豆科植物，可以增进土壤的肥沃，中国古代的农民老早就知道了。可惜几千年以来，吃豆的人们，始终没有看见过我的活动。

此处指的是荷兰科学家贝叶林克，他成功分离了根瘤菌，证实根瘤菌能够将空气中的氮气转化为有利于植物生长的氨。

直到1888年，有一位荷兰国的科学先生出来仗义执言，由于他研究的结果，这才把我在土壤里的这个特殊功绩，表扬了一下。

这是在农业经济上，我对于人类的贡献。

在工业方面，我和人类发生了更密切的经济关系。

人类的工业，最重要的莫过于衣食两项，在这衣食两项，我都尽了最大的努力，努力生产。

我原是自然界最伟大的生产力。

宇宙是我的地基，地球是我的厂屋，酵素是我唯一神妙的机器。一切无机和有机的物体都是我的好原料。

我的菌众都在共同劳动，共同生产，所造出的东西也都涓滴归公，成为生物界的共有物了。

从酒说起吧，酒就是我的劳动果实之一。我的亲属们多数都是造酒的天才，尤其是酵儿和霉儿那两房。米麦之类的糖类，各式各样的糖和水果，一经它们的光顾，就都带点儿酒味了。不过，有的酒味之中，还带点儿酸，带点儿苦，或带点儿臭。这显然表示，在自然界中，有不少杂色的劳动分子，在参加酒的生产呀！这些造酒的小技师们，

比喻，运用比喻的修辞手法，说明细菌是"自然界最伟大的生产力"。

各有不同的个性，不同的酵素，它们所受用的原料，又多不同，因而天下的酒，那气味的复杂，也就很可观了。

这是酒在自然界中的现象。

天晓得，传说中，是在大禹时代吧，就有了这么一位聪明的古人，叫作仪狄的，偶尔尝到了一种似乎是酒的味道，觉着香甜可口，就想出法子，自己动手来造了，从此中国人就都有了酒喝。

西方的国家，也有他们造酒的故事。

于是，什么葡萄酒呀，啤酒呀，白兰地呀，连同绍兴老酒、五加皮等都算在一起，酒的花样真是越来越多了。

酒也是随着生产手段的变化而变化的吧！然而在这生产手段中，我却不能缺席。

在自然界，酒是我的手工业，我的自由职业，我是造酒的生产力。

在人类的掌握中，酒是我的强迫职务，我成为造酒的奴隶，造酒的机器了。

奇异而又不足为奇的是，人类造酒的历史已经有几千年了。他们也从不知道有我在活动。

由于酵素不同，原料不同，世界上的酒也呈现出不同的味道。

人类利用酵素，制造出香醇的酒。

这黑幕终于是被揭穿了，那又是胡子科学先生的功业。他在显微镜上早已侦察好我的行踪了。

有一回，他特制了几十瓶精美的糖汁果液，打开玻璃小塔之门，招请我入内欢宴，结果我所到过的地方，一瓶一瓶都有了酒意。

于是他就点头微笑着说：

"乖乖，微生物这小子果然好本领，发酵的工程，都是由它一手包办成功的呀！"

话音未落，他就被法国的酒商请去，看看他们的酒桶里出了什么毛病，怎么好好的酒，全变成酸溜溜的了。

胡子先生细细地视察了一番，就作了一篇书面的报告。大意是说：

"纯净的酒，应该请纯净的酿母菌来制造。酒桶的监督要严密，不可放乳酸杆菌或其他不相干的细菌混进去捣乱。"

"乳酸杆菌是制造乳酸的专家，绝不是造酒的角色。你们的酒桶就是这样被它弄得一塌糊涂了，这是你们这次造酒失败的大原因……用非其才。"

叙述说明，此处描述了法国酒商在造酒过程中遇到的问题，究竟是什么让酒变酸的呢？一起看下去吧。

语言描写，胡子先生的这番话点出了造酒失败的原因——误加了乳酸杆菌。

他所说的酿母菌，指的就是我那酵儿。

我那酵儿，小山芋似的身子，直径不到5微米，体重只有0.0000098175毫克。然而算起来，它还是我族里的大胖子。

然而胡子先生只知其一，不知其二。那大胖子并不是发酵唯一的能手，我族中还有长瘦子，也会造出顶甜美的酒。这长瘦子便是指我的霉儿。

它身着有色的胞衣，平时都爱在潮湿的空气中游荡，到处偷吃食品，捣毁物件，是破坏者的身份，又怎么知道它也会生产，也会和人类发生经济关系呢？

这就要去问中国台湾人了。

原来霉儿那一房所出的子孙很多很复杂。有一个孩子，叫作"黑曲菌"的，不知怎的竟被中国台湾人拉去参加制酒的劳动了。现今中国台湾的酒，大半都是由它所造出的。

这一房里，还有一个孩子，叫作"黄绿色曲菌"的，也曾被中国、日本和南洋群岛等处的酒商，聘去做发酵的工程师。不过它所担任的是初步的工作，是从淀粉变成糖的

不仅"大胖子"酵儿可以发酵造酒，"长瘦子"霉儿也可以用来造酒。

字词释义，"南洋群岛"为马来群岛的旧称。

工作。由糖再变成酒的工作，他们又另请酵儿去担任了。

我的菌众当中，有发酵本领的，当然不止这几个，有许多还等着科学先生去访问呢。这里恕我不一一介绍了。

酒固然是发酵工业中的主要的生产品，但甘油在这战争的时代，也要大出风头了。

甘油，它原是制造炸药的原料。请一请酵儿去吃碱性的糖汁，尤其是在那汁里掺进了 40% 的"亚硫酸钠"，它痛饮一番之后，就会造出大量的甘油和酒来了。

不过，还有面包。西洋的面包等于中国的馒头包子，都是大众的粮食。它们也须经过一番发酵的手续。它们不也是我的劳动果实吗？

可怜我那有功无罪的酵儿们，在面包制成的当儿就被人们用不断高升的热力所蒸杀了。面包店的主人，是要一方面提防酵儿吃得过火，一方面又担心野菌的侵入，所以索性先下手为强，以保护面包领土的完整。

有时面包热得并不透心，这时候我的野孩子里面有个叫作"马铃薯杆菌"的，它的

承上启下，这句话总结了上文介绍的酒与菌众的关系，下文将为我们介绍甘油与菌众的关系。

没烤熟的面包容易滋生细菌，使面包变质，所以一定要将面包烤熟后再食用。

芽孢早已从空气中移驻到面包的心窝了，就乘机暴动起来，于是面包就变成胶胶黏黏的有酸味不中吃的东西了。

在人类的餐桌上除了面包和酒以外，还有牛奶、豆腐、酱油、腌菜之类的食品，也都须靠着我的劳动才能制造成功。

牛奶，不是牛的奶吗？怎么也靠着我来制造呢？

我指的是一种特别的牛奶——酸牛奶。这东西中国人很少吃，而欧美人士却当它是比普通牛奶还好的滋补品，是有益于肠胃消化的卫生食品。

酸牛奶的酸是有意识的酸，是含有抗敌作用的酸。酸牛奶一落到人们的肚子里，我的野孩子们就不敢在那儿逞凶了。

奇异而又不足为奇的是，制造酸牛奶的劳动者，就是造酒商人所痛恨的"乳酸杆菌"呀！

呵呵！我的乳酸杆菌儿，在牛奶瓶中，却大受人们欢迎了。

不但在牛奶瓶中有如此盛况，在制造奶油和奶酪的工厂中，它也到处都受厂方的特

高士其创作这篇文章时，酸奶在我国并不普及，但现在我们已经能在超市、便利店的货架上看见各式各样的酸奶了。

今日新品

对比，"乳酸杆菌"被造酒商人所痛恨，但却能在乳制品行业中大受欢迎，这是因为它能为乳制品加工厂带来利益。

别优待。这都因为它是专家，它有精良的技术，奶油、奶酪、酸牛奶等，都是它对人类的重要贡献。

酸牛奶在保加利亚、土耳其及其他国，是很盛行的。因为它有功于肠胃，所以那儿的居民，常恭维它作"长寿的杆菌"。这真是我这孩子的一件美事。

据说，美国的腌菜所用的乳酸，也是这乳酸杆儿的作品。不过，他们在乳酸之外，有时又掺进了一些醋酸、酪酸，及其他有香味的酸。

这些淡淡浓浓的酸，我也都会制造。法国有一位著名的女化学家，就曾请我到她实验室里表演造酸的技术。结果，我那个黑色的曲儿表演的成绩最佳，它造成了大量的草酸和柠檬酸。现在市场上所售的柠檬酸，一大部分都是它的出品。

此处介绍了黑曲菌的作用，科学家曾用它制造出了草酸和柠檬酸。

豆腐、酱油之类的豆制食物，却是我的黄绿色曲儿的产品。这是因为它有化解豆类蛋白质的能力。

"爪哇"主要在今印度尼西亚爪哇岛一带。

在爪哇，豆制食品也很兴盛，他们专请了另一位小技师，那是我的棕色曲儿。我又有几个孩子，被美国人请去帮他们制造美味的冻膏了。

总之，在吃的方面，我和人类的经济关系，将来的发展是未可限量的。

穿的方面呢？人类也尽量地利用了我的劳力了。浸麻和制革的工业就是两个显著的例子。

在这儿，我的另一班有专门技术的孩子们，就被工厂里的人请去担任要职了。

浸麻，人类在古埃及时代，老早就发明了浸麻的法子了，也老早就雇用了我做包工。可是，像造酒一样，他们当初并没有看出我的形迹来。

浸麻的原料是亚麻。亚麻是顶结实的一种植物组织，是制作衣服的上等材料。它的外层，有顽固而有黏胶性的纤维包围着。

浸麻的手续就是要除去这纤维。这纤维的消除又非我不行。我的孩子们有化解纤维素的才能的也不多见。这可见化解纤维素的本事，真是难能可贵了。

这秘密，直到 20 世纪的初期，才有人发觉。从此浸麻的工业者，就大体注意我这

作诠释，此处诠释了亚麻是什么，主要从亚麻的性质、作用、外观等方面进行了介绍。

有特殊技能的孩子的活动了。于是就力图改善它的待遇，在浸麻的过程中，严禁野菌和它争食，也不让它自己吃得过火，才不至于连亚麻组织的本身也吃坏了。

在制革的工厂里面，我的工作尤为紧张。在剥光兽毛的石灰水里，在充满腥气的暗室中，在五光十色的鞣酸里，到处都需要我的孩子们的合作。兽皮之所以能化刚为柔而不至于臭腐，我实有大功。

排比，运用排比的句式，表现出细菌在皮革制作过程中的重要作用。

不过，在这儿，也和浸麻一样，不能让我吃得过火，万一连兽皮的蛋白质都嚼烂了，那就前功尽弃了。

土壤革命补助了农村经济；衣食生产有功于人类的工业。这样看来，我不但是生物界的柱石，我还是人类的靠山，干脆点儿说：人类靠着我而生存。

这并不是我大言不惭。

你瞧！那滚滚而来臭气冲天的粪污，都变成田间丰美的肥料了。这还不是我的力量吗？没有我的劳动，粪便的处置，人类简直是束手无策。

由此可见，我和人类，并非绝对的对

立，并无永久的仇怨！

那对立，那仇怨，也只是我那些少数的淘气的野孩子们的妄举蛮动。

观乎我和人类层层叠叠的经济关系，也可以了解我们这一小一大的生物间仍有合作的可能啊！

然而人类往往以特殊自居，不肯以平等相待。自从实验室里燃起无情之火，我做了玻璃之塔中的俘虏，我的行动被监视，我的生产被占有，从此我的统治权属于那胡子科学先生的党徒了。我这自然界中最自由的自由职业者，如今也不自由了，还有什么话可说！

细菌对人类不是只有害处，很多细菌都对人类社会的发展起着促进作用。

科学小品：细菌与人

阅 读 指 导

　　细菌与人类有着密不可分的关系，人体中住着各种各样的细菌，就连人体生命所必需的水中也含有细菌。而人体也像细菌一样，是个大家族，有着眼、耳、鼻、舌、身五大感觉器官，快来读一读人与细菌的故事，探索其中的奥秘吧！

细菌的大菜馆

通过亚当、夏娃的故事，引出食物的主题。

　　人类开始的那一天，亚当和夏娃手携手，赤足露身，在伊甸河畔的伊甸园中，唱着歌儿，随处嬉游，满园树木花草，香气袭人。亚当指着天空中的一群飞鸟，又指着草原上的一群牛羊，对夏娃说："看哪！这都是上帝赐给我们的食物呀。"于是两口儿一齐跪伏在地上大声祷告，感谢上帝的恩惠。

　　这是西方的传说。直到如今，在人类的潜意识中，犹以为天生万物皆供人类的食用、驱使、玩弄而已。

希腊神话中，奥林匹斯山上一切天神都是为人而有，如爱神司爱、战神司战、谷神司食，因为人而创出许多神来。

我们古老国家的一切山神、土地、灶君、城隍也都是替人掌管，为人而虚设其位。

这些渺渺茫茫无稽之谈都含有一种自大性的表现，自以为人类是天之骄子，地球上的主人翁。

自达尔文的《物种起源》出版，就给这种自大的观念迎头一个痛击。他用种种科学的事实，说明了人类的祖先是猴儿，猴儿的祖宗又是阿米巴（变形虫），一切的动物都是远亲近戚。这样一说，人类又有什么特别贵重呢？人类不过是靠一点儿小聪明，得到一些小遗产，走了运，做了生物的官，刮了地球的皮，屠杀动物，砍折植物，发掘矿物，以饱自己的肚皮，供自己的享乐，乃复造出种种邪说，自称为万物之灵。

布伦费尔先生，美国的一位先进的细菌学家，正在约翰·霍普金斯大学医院实验室里，穿着白衣，坐在黑漆圆凳子上，俯着头细看显微镜下的某种大肠杆菌，忽然听见我

人类凭借自身的智慧为自己谋取了利益，但同时也对自然界造成了伤害，我们要做到与大自然和谐共处。

讲到"饱自己的肚皮"一句，不禁失声大笑，没有转过头来，接着就说，带有一半不承认我的话的口气：

"饱谁的肚皮呀？恐怕不仅饱人类自己的肚皮吧？你就没想到人类的肚子里还有长期的食客、短期的食客、来来往往临时的食客呀。一个个两条腿走来走去的动物，还是细菌的游行大菜馆呀。"

我本来处于孤立无援的地位，硬着胆说了前面的一篇话，已预计会被听众包围问难，被他这一问，倒惊退一步。但他不等我回答，又站起来，回过身倚着试验桌旁，接着侃侃而谈。

"不仅人类的肚皮是细菌的菜馆，狮虎熊象、牛羊犬鼠、燕雁鸦雀、龟蛇鱼虾、蛤蚌蜗螺、蜂蚁蚊蝇，乃至于蚯蚓蛔虫，举凡一切有脊椎和无脊椎的动物，只需有一个可吃的肚皮或食管，都是细菌的大小菜馆、酒店。不但如此，鼻孔喉咙还是细菌的咖啡馆，皮肤毛细血管还是细菌的小食摊，而地球上的一沟一尘、一瓢一勺，莫不是它们乘风、纳凉、饮冰、喝茶之所。细菌虽小，所

比喻，将人类的肚子比作细菌的大菜馆，说明人类的肚肠能给细菌提供营养。

占地盘之大、子孙之多、繁殖之速、食物之繁，无微弗至、无孔不入，诚人类所不敢望其肩膀。所以这世界的主人翁，生物的首席，与其让人类窃称，不如推举细菌。"

他说到这里顿了一顿，我赶紧含笑插进去说：

"然则弱小细微的东西从今可以自豪了。你的话一点儿都不错。强者大者不必自鸣得意，弱者小者毋庸垂头丧气。大的生物如恐龙、巨象，因为自然界供养不起，早已绝种。现在以鲸鱼为最大，而大海之中不常见。老虎居深山中，奔波终日，不得一饱，看见丛林里一只肥鹿，喜之不胜，又被它逃走了。蚂蚁虽小，而能分工合作，昼夜辛勤，所获食料，可供冬日之需。生物愈小，得食愈易。我不要再拖长了，现在就请布伦费尔先生给我们讲一点儿细菌大菜馆的情形吧！"

布伦费尔先生是研究人类肚子里的细菌的专家。他深知其中的奥妙。

于是这位穿白衣的科学先生又开口了。这一次，他提高嗓子，用庄严而略带幽默的

对比，将老虎与蚂蚁获取食物的过程进行对比，说明"生物愈小，得食愈易"的道理。

态度说：

"我们这一家细菌大菜馆，一开前门便是切菜间，壁上有自来水，长流不息，菜刀上下，石磨两列，排成半圆形，还有一个粉红色活动的地板。后面有一条长长的甬道，直达厨房。厨房是一只大油锅，可以伸缩，里面自然产生一种强烈的酸汁、一种神秘的酵汁。厨房的后面，先有小食堂，后有大食堂，曲曲弯弯、千回百转，小食堂备有咖喱似的黄汁，以及其他油呀醋呀，一应俱全。大食堂的设备，较为粗简，然而客座极多，可容无数万细菌，有后门，直通垃圾桶。

"形形色色的菌客菌主菌亲菌友，有的挺着胸膛，有的弯腰曲背，有的圆脸涂脂搽粉，有的大腹便便，有的留个辫子，有的满面胡须，或摇摇摆摆，或一步一跳，或匍匐而入，或昂然直入。有从前门，有从后门。

"从前门而入者，多留在切菜间，偷吃菜根、肉余、齿垢、皮屑。然而常为自来水所冲洗，立脚不定。不然，若吃得过火，连墙壁、地板、刀柄都要吃，于是乎人就有口肿、舌烂、牙痛之病了。

语言描写，"切菜间"指的就是人类的口腔，"自来水"指口水，"菜刀"指牙齿，而"粉红色活动的地板"则指舌头。

拟人，运用拟人的修辞手法，将"菌客菌主菌亲菌友"们的形态描绘得惟妙惟肖。

"这一群食客里面，最常来光顾的有六大族。一为圆脸的'小球菌'，二为像葡萄的'葡萄球菌'，三为珠脸的'链球菌'，四为硬挺挺的'阳性革兰氏杆菌'，五为肥硕的'阴性革兰氏杆菌'，六为弯腰曲背的'螺旋菌'，这些怪姓，经过一次介绍，恐你们仍记得不清啊。

"在刷牙漱口的时候，这些无赖的客人，一时惊散，但门虽设而常开，它们又不请自来了。

"婴儿呱(gū)呱坠地的一刹那间，这所新菜馆是冷清清地无声无息，但一见了空气，一经洗涤，细菌闻到腥秽的气味，就争先恐后，一个个从后门跟跄而入。假如将婴儿的肛门消毒，再用一条无菌的浴巾封好，则可经 20 小时之久，一验胎粪仍杳 (yǎo) 然无菌迹。一过了 20 小时之后，纵使后门围得水泄不通，而前门大开，细菌已伏在乳汁里面混进来了。

"在母亲的乳汁中混进来的食客以'乳枝杆菌'一族为最多，占 99%，其中有时夹着几个'肠球菌'及'大肠杆菌'。

字词释义，"呱呱坠地"指婴儿出生。

"假如母亲的乳不够吃，又不愿意雇奶妈，而去请母黄牛作奶娘，由牛奶所带来的细菌，就五光十色了。最多数的不是'乳枝杆菌'，而是'乳酸杆菌'了。此外还有各种各样的'大肠杆菌''肠球菌''阳性革兰氏嗜气芽孢杆菌''厌气菌'等，甚至有时混着一两个刺客，如结核杆菌，那就危险了，所以没有严格消毒过的牛奶，不可乱吃呀！

"在成年人肚子饿的时候，油锅里没有菜煮，细菌也就不来了。一吃了东西，细菌却跟着进来，厨房里就拥挤不堪。但是胃汁是很强烈的，它们未吃半饱，都已淹死了。只有几种'抗酸杆菌'及'芽孢杆菌'还可幸免。但是对有胃病的人，胃汁的酸性太弱，细菌仍得以自全，并且如'八叠球菌''寄腐杆菌'等竟毫无顾忌地就在这厨房里组织新家庭，生出无数菌儿菌孙。而那病人的胃一阵一阵地痛了。

"过了厨房，就是小食堂。那里食客还不多。然而食客到了食堂就流连不忍离去，于是有好些都由短期变成长期食客了，这些长期食客中以大肠杆菌最为主要。它的足迹

字词释义，
"结核杆菌"为结核分枝杆菌的俗称。

人体中的胃液有杀死胃内细菌、促进营养物质吸收、保护胃黏膜等作用。

走遍天下菜馆，不论是有色人种也好，无色人种也好，它都认得，每个人的肠内都有它在吃。"

说到这里，白衣科学先生用他尖长的右手食指，指着桌上那一架显微镜说：

"我在这显微镜上看的就是这一种'大肠杆菌'。其余的食客恕我不一一详举。"

"一到了大食堂，就热闹起来。摇头摆尾、挤眉弄眼、拍手踏足、摩肩攘臂，<u>济济一堂</u>，尽是细菌亲友、细菌本家。有时它们意见不合，争吵起来，扭作一团，全场大乱，人便觉得肚子里有一股气，放不出来。"

"快到后门了，菜渣、细菌及咖喱似的黄汁相拌，一变而为屎。一斤屎有四五两细菌哩，其中大部分都是吃得太饱胀死了。"

"以上所述，都是安分守己的细菌，还有一群专门捣墙毁壁的病菌，那我们不称它们作食客，简直叫它们作刺客暗杀党了。这就再请别的专家来讲吧！"

字词释义，
"济济一堂"指许多有才能的人聚集在一起，在此处形容菌众聚集在一起的样子。

清水和浊水

去年夏天各省抗旱，今年夏天江河泛

滥，农民叫苦连天，饿尸遍野，水的问题够严重的了。

伍廷芳先生论饮水说：

"人身自呼吸空气而外，第一要紧是饮水。饮比食更为重要，有了水饮，虽整天饿，也可以苟延生命。人体里面，水占七成。不但血液是水，脑浆78%也都是水，骨里面也有水。人身所出的水也很多，口涎、便溺、汗、鼻涕、眼泪等都是。皮肤毛细血管，时时出气，气就是水。用脑的时候，脑气运动，也是出水。统计人身所出的水，每天75两。若不饮水，腹中的食物渣滓填积，多则成毒。如果能时时饮水，可以澄清肠脏腑的积污，可以调匀血液使之流通畅达，一无疾病。"这一篇话，自然是根据生理学而谈。于此可见，水的问题对于人生更密切了。

然而，一杯水可以活人，一杯水也可以杀人。水可以解毒，也可以致病。于是水可以分为清水和浊水两种，清水固不易多得，浊水更不可不预防。

18世纪中期，英国大化学家卡文迪什在

引用，引用伍廷芳先生的话，说明水对人体的重要性。

字词释义，"两"指的是质量或重量单位，1两=50克。

概述说明，此处把水划分为清水和浊水两类，从而引出文章主题。

试验氢与氧的合并时，得到了纯净的水。后来法国大化学家拉瓦锡证实了这个试验，于是我们知道水是氢和氧的化合物。这种用化学法来综合而成的水，当然是极纯净极清洁的了。然而这种水实在不可多得，只好用它做清水的标准罢了。

一切自然界的水，多少总含有一些外物。外物愈多则水愈浊，外物愈少则水愈清。这些外物里面，不但有矿物，如普通的盐、镁、钙、铁等化合物之类，还有有机物。有机物里面，不但有腐烂的动植物，还有活的微生物。微生物里面，不但有普通的水族细菌，如光菌、色菌之类，还有那些专门害人的病菌，如霍乱弧菌、伤寒杆菌、痢疾杆菌之类。

自然界的水的来源，可分为地面和地心两种。地面的水有雨水、雪水、雹、冰、浅井、山泽、江河、湖沼、海洋等。地心的水就是深井的泉水。

雨水应当是很干净的了。然而当雨水下降的时候，空气中的灰尘愈多，所带下来的细菌也愈多。据巴黎门特苏里气象台的

自然界中水的清浊与否，在于水中外物含量的多少。

列数字，通过一系列数字，让读者直观地了解到雨水中的细菌含量受空气中灰尘的影响。

报告，巴黎市中的空气，每1立方米含有6040个细菌；巴黎市中的雨水，每1升含有19000个细菌。在野外空旷之地，每1升的雨水，不过有一二十个细菌。

雪水比雨水浊，这大约是因为雪块比雨点大，所冲下的灰尘和细菌也较多吧。然而巴斯德曾爬上阿尔卑斯山的最高峰去寻细菌，那儿的空气极清，终年积雪，雪里面几乎是完全无菌的了。

列数字，用数字展现出雹里面的细菌含量比雨更多，从而说明雹比雨更浑浊。

雹比雨更浊。1901年的7月，意大利帕多瓦地方下了一阵大雹，据白里氏检查的结果，每1升雹水至少有140000个细菌。这或是因为那时空气动荡得很厉害，地上的灰尘吹到云霄里去，雹是在那里结成的，所以又把灰尘包在一起，带回地上了。

冰的清浊，要看是哪一种水结成的。除了冰山、冰河以外，冰都是不大干净的啊，因为在冰点的低温度，大多数的细菌都能保持它们的生命。

浅井的水，假如井保护得法，或上设抽水机，细菌还不至于太多。若井口没有盖，一任灰尘飞入，那就很污浊了。

山涧的水，不使粪污流入，较为清净，所含的微生物多是土壤细菌，于人无害，但经一阵大雨之后，细菌的数目立刻增加了好几倍。

江河的水最是污浊，那里面不但有很多水族细菌和土壤细菌，而且还有很多的粪污细菌，这些粪污细菌都有传染疾病的危险呀！粪污何以曾流入江河里面呢？这都是因为无卫生管理、无卫生教育，于是一般无训练的民众都认为江河是公开的垃圾桶，在这一个大错之下，不知枉送了多少性命呀！

湖沼的水比江河为净。水一到了湖就不流了，因为不流，那儿无数的细菌都自生自灭，所以我们说湖水有自动洗净的能力，而以湖心的水比傍岸的水更加清净少菌。

海水比淡水干净。离陆地愈远愈净。1892 年英国细菌学家罗素在那不勒斯海湾测验的结果，在近岸的海水中，每 1 立方厘米有 70000 个细菌；离岸 4000 米以外，每 1 立方厘米的海水，只有 57 个细菌了。在大海之中，细菌的分布很平均，海底和海面的细菌几乎是一样多的。

作诠释，此处解释了湖沼之中的静水比江河之中的流水更为干净的原因。

列数字，从横向上看，海水离陆地越远越净；从纵向上看，海底到海面的细菌是平均分布的。

由地心涌出的泉水和人工所开掘的深井的水是自然界最清净的水。据文斯洛的报告，波士顿的 15 个自流井，平均每 1 立方厘米只有 18 个细菌。水清则轻，水浊则重。清高宗曾品过通国之水，以质之轻重，分水之上下，乃定北平海淀镇西之玉泉为第一。玉泉的水有没有细菌，我们没有试验过，就有，一定也是很少很少的了。

水的清浊有点儿像人，纯洁的水是化学的理想，纯洁的人是伦理学的理想，不见世面，其心犹清，一旦为社会灰尘所熏染，则难免不污浊了。

清水固然可爱，然而有时偶尔含有病菌，外面看去清澈无比，里面却包藏祸心，这样的水是假清水，这样的人是假君子，其害人而人不知，反不如真浊水真小人之易显而人知预防。而且浊水，去其细菌，留其矿质，所谓硬性的水，饮了，反有补于人身哩。

化学工作上，常常需要没有外物的清水。于是就有蒸馏水的发明，一方将浊水煮开，任其蒸发，一方复将蒸汽收留而凝结成

化学中理想的清水，伦理学中理想的人，真的都是最好的吗？这些话值得我们深思。

清水。这种改造的水是很清净无外物的了。

医学上用水，不许有一粒细菌芽孢的存在。于是就有无菌水的发明。这无菌水就是将装好的蒸馏水放在杀菌器里，将水内的细菌一概杀灭。这样人工双重改做过的水，是我们今日所有最纯净的清水了。

浊水还可以改造为清水，人呢？

浊水可以通过改造变成清水，人怎样才能保持内心的纯净呢？这句话富有哲理，引人深思。

色——谈色盲

有些泥古守旧的人，对于色，只认得红色，其余的都模糊不清了，以为红是大喜大吉，红会升官发财，红能讨老婆生儿子，其余的色，哪一个配！

有些糊涂肉麻的人，如《红楼梦》里的贾宝玉之流，有特种爱红之癖，其余的色都被抹杀了，其余的色哪里赶得上？

然而，在今日的世界，红似乎又带有危险性了。有些人见了它就猜忌了。不是前不多时，报纸上曾载过，德国有一位青年，因用了红领带，而被处了 6 个星期的徒刑吗？

但是，我这里所要谈的，并不是这些喜

举例子，通过举例说明，在当时红色也是"危险"的象征。

灰尘的旅行 **149**

红、爱红和疑红的人，而是另一种人，认不得红的人。

这一种人，对于红，一向是陌生的。

这一种人，见了红以为是绿，见了绿又以为是红。

这一种人，就叫作色盲。

色盲不是假装糊涂，而实是生理上的一种缺憾。

这些话，在色盲者听了，或者能了然；不是色盲的人听了，反而有些不信任了，说是我造谣。

因此我须从色字谈起。

色，这迷离恍惚、变幻莫测的东西，从来就有三种人最关心它。

物理学者关心它的来路，它的结构。

生理学者关心它的现实，它和人眼的反应。

心理学者关心它的去处，它对于心理上的影响。

虽然，还有化学者在研究色料的制造，诗人、美术家在欣赏、调和色的美感，政治家在用色来标榜他们的主义，市政交通当局

通过介绍什么是色盲引出文章主题，加深了读者的印象。

不同研究领域的人对"色"的关注点不同。

在用色以表明危险与安全，如此等等的人，对于色，都想利用，都想揩油，于是色就走入歧路了。这些，我们不去细谈。

物理学者就说："色是从光的反映而成。光是从发光体送出来的一种波浪。这一波一浪也有长短，太长的我们看不见，太短的也看不见。"

看不见的光，当然是没有色，然而它们仍在空气中横冲直撞，我们仍有间接的法子，去发现它们的存在。如紫外光，如 X 光，如死光之类。

看得见的光，就可以分析而成为种种色了。

大概，发光体所送出的光，多不是单纯的光，内容很复杂，因而所反映出的色，也就不止一种了。

满天闪烁的群星，都是极庞大的发光体，和我们最亲热的就是太阳。

地球上一切的光，不，整个太阳系的光，都是来自太阳。

电光、灯光、烛光，乃至于小如萤火虫的光，乃至于更小如某种放光细菌的微光，

字词释义，"死光"指的是激光。

也都是受了太阳之赐。

太阳的光线，穿过了三棱镜，一受了曲折，就会现出一条美丽的色系，由大红，而金黄，而黄，而蓝，而绿，而靛青，而紫。红以上，紫以外，就因光波太长或太短的缘故，不得而见了。而且，这色系之间的演变，又是渐变而不是突变，所以色与色之间的界线，就没有理想的那样干脆了。

色之所以有多种，虽是由于光波的长短不齐，然而其实也靠着人眼怎样的受用，怎样去辨识。没有人眼，色即是空，有人眼在，空即是色。这太阳的色系，是一切色的泉源，普通的人眼，都还认不清，何况所谓色盲的人。

生理学者花了好些工夫去研究人眼，又花了好些工夫研究人眼所能见的色。他们说：

"人眼的构造，和照相机相似，最里层有一片薄膜，叫作'视网膜'，那视网膜就好比是底片。一色至一切色的知觉都在这底片上决定，又伏有视神经的支脉，可以直接通知大脑。"

太阳为世界带来了光和热，真是了不起啊！

这里阐述了人眼与色的关系，说明人眼才是识别颜色的关键。

比喻，将视网膜比作照相机的底片，形象地说明了人眼成像的原理。

色的知觉可分为两党：一党是无色，一党是有色。

无色之党，就是黑与白及中间的灰色。

有色之党，就是太阳色系中的各色，再加上各种混合的色，如橄榄色、褐色之类。

有色之党，又可分为两派：一派是正色，一派是杂色。

正色，就是基本的色，纯粹的色。有的说只有三种，有的说可有四种。说三种的，以为是红、黄、蓝；又有以为是红、蓝、紫。说四种的，以为是红、绿、蓝、紫；也有以为是红、黄、绿、蓝。

总之，不论怎样，有了这些正色之后，其余的色，都可以配合混制而成了。因此，其余的色，都叫作杂色。据说，世间的杂色，可有 1000 种之多哩。

太阳、火焰、血的狂流，都是热烈的殷红。晴天的天，海洋的水，都是伟大的深蓝。大地上，不是一片青青的草，绿绿的叶，就是一片黄黄的沙，紫紫的石。这些不都是正色吗？

傍晚和黎明的霓霞，花儿的瓣，鸟儿的

此处的"正色"指的是"原色"，色光中的三原色为红、绿、蓝。

羽，蝴蝶的翅，金鱼的鳞，乃至于化学药品展览室里一瓶一瓶新发明的染料，这些不都是杂色吗？

有了这些动人而又迷人，醒人而又醉人，交相辉煌而又争妍夺艳的种种的色，使我们的眉目都生动起来，活泼起来，然而外界的引诱力是因之而强化，于是我们有时又糊涂起来，迷惑起来了。我们的心房终于是突突不得安宁了，为的都是色。

这些话都是根据人眼的经验而谈。

然而，色，迷人的色，把它扫清吧！假使这世界是无色的世界，从白天到黑夜，从黑夜到白天，尽是黑与白与灰，这世界未免也太冷落寂寞了、太清寒单调了、太无情无义了。

然而，世间就有这么一类的人，对于色，是不认识了。大家看得见的色，他偏看不见，或看得很模糊；或大家看是红，他偏看出绿来；大家看是蓝，他偏看是白；大家看是黄，他偏看是暗灰色。

这一类人，有的是全色盲，对于一切色，都看不见；有的是一色盲，对于某色看

举例子，此处列举了一系列我们生活中所能见到的杂色，让读者更加形象地理解杂色。

假设，没有颜色的世界是如此单调、寂寞。

不见；有的是半色盲，对于色，都看得模模
糊糊罢了。

最可怜的，就是那全色盲，他的世界
完全是黑与白与灰，是无彩色的有声电影的
世界。

这些事实，人们是不大容易发觉的。在
这奔波逐浪、汹涌澎湃的人海潮里，不知从
哪一个时代，哪一位古人起，才有色盲，我
们是没有法子去考据的，也许有好些读者从
来没有听见过色盲这个名词，也许你们当中
就有色盲的人，而连自己都还没有发觉。

科学界注意这件事，是从 18 世纪末英
国化学家道尔顿起。这位科学先生本身就是
色盲。他就是认不得红色的色盲之一员。

认不得红色是有危险的呀！后来的生理
学者、心理学者，都渐渐注意了。他们说：
"水路、陆路的交通，都是以红色作危险的
记号。轮船、火车上的司机，若是红色盲，
岂不危险么。十字大街上的红绿灯，是指挥
不动这些色盲的路人了呀！"于是这个问题
就为市政和交通当局所重视了。

色盲的人，虽不是普遍的现象，然而也

红色的波长
较长，能穿透灰
尘、波点和雾珠，
在很远的地方都
能看到，因此人
们常用红色来表
示危险。

到处都有，尤以男子为多。据说，男子每百人中，色盲者有三四人；妇女每千人中，色盲者有一人乃至十人。

不过，完全色盲的人很少很少。最常有的还是红色盲。其次的，还有绿盲、紫盲、蓝盲、黄盲，如此之类的色盲。

这些色盲，都是对于某一种正色的朦胧，不认识。对于杂色，更是糊涂弄不清了。

然而，红盲的人，听了人家说红，就去揣（chuǎi）度（duó），有时他也自有他的间接法子，他的自定标准，去认识红，去解释红，所以人家说红，他也不去否认。这样地，我们要侦察他的实情，是真红盲，还是假红盲，就得用红的种种混合色、杂色，请他来比较一下，他的内幕于是乎揭穿了。

医生检查色盲的种种手段，就是按照这个道理。

现在我们的敌人，有点儿假惺惺，口里声声亲善，背后枪炮刀剑，枪炮刀剑似乎是红，亲善又似乎不是红。中国的民众不要变成红盲吧！

声——爆竹声中话耳鼓

在首都，旧历新年的爆竹声，已不如从前那样通宵达旦、迅雷急雨般地齐鸣了。

不知被甚风吹走，今年的爆竹声，虽仍是东止西起，南停北响，但须停了好一会，才接着响下去，无精打采地，既像疏疏的几点雨声，又像檐下的滴漏，等了许久，才滴一滴。

在这国难非常严重的年头，凡带点儿强为庆贺、强为欢笑之意的声调，本来就不顺耳，索性大放鞭炮，热闹一番，倒也可以稍稍振起民气，现在只有这不痛不痒的疏疏几声，意在敷（fū）衍（yǎn）点缀新年而了事，听了更加不耐烦了。

不耐烦，有什么法子呢？

色、声、香、味、触，这五种感觉，只有声是防不胜防，一时逃避不出它的势力范围之外。声音一发，听不听不能由你。这责任一半在于声音的性质，一半在于耳朵的构造。

声音是什么呢？

这篇文章写于 1936 年，当时正值抗日战争时期，社会动荡，战乱不断。

声音是一种波浪，因此又叫作音波。这音波在空气中游行，空气的分子受了振荡，一直向前冲，中间经了无数分散而凝集，凝集而又分散的曲折。

音波是由发音体发出来的，起先一定是发音体先受了振荡，所以两个坚实的物体，互相碰击，就可以成音。这音波是一波未平，一波又起的，而每一波的长度都不相等，有时相差很远。

大凡合于音乐的音波，我们常人的耳朵是听得到的，它的波长，最长的不过 12 至 21 米，最短的波长只在 25 毫米之内。

这些音波在空气中飞行极快，平均每秒钟能行 330 至 360 米，但也要看所穿过的空气的寒暖程度如何。

列数字，通过具体的数字向读者说明声音在空气中的传播速度之快。

不论怎样，这些合于音乐的音波，是有规则的、有韵节的。

不合于音乐的音波，就乱七八糟一点儿没有规律、没有韵节，所以让人听了就讨厌。

在从前，新年的爆竹声，家家户户合奏像一阵一阵的交响曲，非常使人高兴。今年的爆竹声，受了当局不彻底的禁止，受了民间不景气的潮流的影响好久，忽儿发出三四声，短而促，真是让人不痛快而讨厌。

这声音的不协调，叫我感到不耐烦。

耳朵的结构是怎样呢？

在我们的头颅上，两旁两扇翅膀似的耳翼，是收集音波的机器。在有的动物身上，它们还会听着大脑的指挥而活动，然而它们的价值只是加强了声音的浓度和辨别音波的来向罢了。

不谙（ān）生理学的中国人，尤其是星相家之流的人，太看重这两扇耳翼了，以为耳的宝贵尽在这里，而且还拿它们的大小作为富贵和寿命的标准。如老子耳长 7 寸，便以为寿；刘先主目能自顾其耳，便以为贵之类的传说。

其实，若不伤及耳鼓，就是割去两扇耳翼，也还听得见，不过声音变得特别一点罢了。这两扇露在外面的耳翼，有什么了不得呢？

围着耳翼里面那一条黑暗的小弄，叫作耳道。耳道的终点，是一个圆膜的壁，叫作

字词释义，"谙"的意思为熟悉，"不谙"指不熟悉。

耳鼓才是影响声音接收的重要器官。

耳鼓。这耳鼓才是直接接收音波、传达音波的器官。这一片薄薄的耳鼓膜厚不及 1/10 毫米，却也分作三层：外层是一层皮肤似的东西，内层是一层黏膜，中间是一层"接连组织"。它的形状有点儿像一个浅浅的漏斗，而那凸起的尖端，却不在正中央，略略的偏于下面。这样带一点儿倾斜的不相称的形状，能敏锐地感到音波的威胁而振动。音波的威胁一去，那耳鼓的振动就停止了，所以耳鼓若是完好的，那外来的声音即听得很干脆而清晰了。

比喻，将耳鼓比作漏斗，形象地展现了耳鼓的形状。耳鼓是重要的收音器官。

　　紧靠在耳鼓膜的里面有三颗耳骨：一是锤骨，一是砧（zhēn）骨，一是镫（dèng）骨，各因其形而得名。这三颗耳骨的那一面是靠着另一层薄膜，叫作耳窗，又名前庭窗。

此处介绍了耳鼓膜里面的三颗耳鼓及其名字的由来。

　　这些耳骨是我们人身上最轻最小的骨。它们的构造是极尽天工的巧妙，只需小小一点儿音波打着耳鼓，就可以使它们全部振动，那音波便被送进内耳里面去了。

此处详细介绍了声波在耳内传播的原理。

　　内耳里面是伏有听神经的支脉，叫作耳蜗神经。那耳蜗神经的细胞非常灵便，不论多么低微的声音，它们都能接收并传达到大脑。

现在像爆竹这般大而响的声音，我们哪里能逃避不听呢！就是掩着两扇耳翼，空气的分子，既受了振荡，总能传进耳鼓里面去呀。

不过，这也有一个限制，空气是无刻不受着振荡，有的振荡的速率是太快或太慢，达到了我们的耳鼓上面，就不成为声音了。

列数字，通过列举具体的数字，说明人一般能听见的声音频率的范围。

我们一般人所能听到的声音，极低微的振动频率，大约是在每秒钟24次至30次之间。有的人，就是低至每秒钟16次的振动频率的音波，也能听见。最高的振动频率，要在每秒钟20000次以内，才听得见。

在这里又要看各个人耳朵的感觉如何敏锐了。聋子是不用说了。有的人虽然没有到聋子的地步，然而对于好些尖锐的声音，如虫鸟的叫鸣，就听不见。

虽然爆竹的声音，它的振动率不太高也不太低，只要距离得不太远，是谁都能听见的哩！

现在我们国家管事的人对于敌人的侵

略，好像虫声、鸟声一般唧唧地在那里秘密讨论。它的振动频率太低了，使我们民众很难听得见。而汉奸及卖国者之流，又似乎放了疏疏几声的爆竹，以欢迎敌兵，闹得全世界都听见了，真是出丑，更令我们听了不耐烦。然而又有什么法子呢？

香——谈气味

气味在人间，除了香与臭两小类之外，似乎还有第三种香臭相混的杂味。

植物香多臭少，动物臭多香少，矿物除了硫、硒（xī）、碲（dì）三者之外，又似乎没有什么气味了。

这些话是就鼻子的经验所得而谈。

香是鼻子所欢迎，臭是所拒绝，香臭不甚明了的第三种味，也就马马虎虎让它飘飘然飞过去了。

鼻子是两头通的，所以不但外界冲进来的气味瞒不过它，就是口里吞进去的，或胃里呕出来的东西，它也知道。捏着鼻子吃苦药，药就不大苦了。

开门见山，开篇点出文章主题——气味。

然而鼻子时而塞住了，如得了伤风及鼻炎之类的疾病，那时就是尝了美酒香果，也是没有平日那么可口了。

气味到底是由什么东西组成的，而又这样矜贵呢？是不是也和光波、音波一样，也在空气中颤动呢？从前果然有人以为气味的游行，也是波浪似的，一波未平，一波又起。而今这种观念却被打破了。

现代的生理学者都以为，气味是从各种物体发出来的细粉。这细粉大约是属于气体。既发出之后，就渐散渐远，渐远渐稀，终于稀散到乌合之乡去了。

但若在半途遇到了鼻子，就飘进了鼻房里面，在顶壁下，和嗅神经细胞接触，不论是香是臭，或香臭相混，大脑顷刻就知道了。

据说，同属一类的有机化合物，结构愈复杂，气味也愈浓。这样看来，气味这东西，似乎又是化学结构上"原子量"的一种作用了。

因此，要把世间的气味一一分门别类起来，那问题便不如起初料想的那样简单了。

于是我想鼻子真是一副极灵巧的器官啊，无论什么气味，多么细微，多么复杂，它都能分辨出来。

鼻子在所有感觉当中，资格算是最老了。

然而文明愈进步，鼻子就愈不灵，生物的进化程度愈高，鼻子的感觉也愈坏。

野蛮民族，如美洲红人、原始人之类，他们的鼻子，都比现代人灵得多。他们常以鼻子侦察敌人、审查毒物，而脱离危险。

狗的鼻子是著名的敏锐了。无论地上留有多么细微的气味，它都能追寻到原主。然而它也只认得熟人的气味才是好气味。如果是生人，就是你满身都是香，也要对你狂吠几声，因为你不是它的圈子以内的人。

昆虫的嗅觉似乎也很灵，不然房子里一放了食物，蟑螂、蚂蚁之类的虫儿，怎么就知道出来游历考察呢？

气味的感觉，也是当局者迷，外来者清。鼻子有时疲倦了，它也只有几分钟的热心。所以古人说："入鲍鱼之肆，久而不闻其臭；入芝兰之室，久而不闻其香。"从生

鼻子的灵敏程度与文明程度、生物进化程度之间均呈负相关的关系。

反问，通过反问的手法突出昆虫的嗅觉非常灵敏。

引用，通过引用古语，说明鼻子对气味是具有适应性的。

理学上看来，这句老话倒也不错。很多人总不觉着自己屋子里有臭味，只要到外头去跑跑，回来就知道了。

气味有时也会倚强欺弱，一味为一味所压迫、所遮蔽、所中和。所以两味混在一起，有时我们只闻见这味，而闻不到那味，如尸体的味一经石炭酸的洗浸之后，就只有石炭酸的气味了。

举例子，通过举例子说明当两种味道混在一起时，人们只会闻到更强烈的那个味道。

因此，人们常用以香攻臭的战术来消灭一切不愿闻的气味。这种巧妙的战术，是大大地被有钱的妇女所利用了。这也是香粉、香水之类化妆品的入超原因之一吧！

肉的气味，大家都是一样，本来没有什么难闻。然而不幸有的人常常发生特种的气味，则不得不借香粉、香水之力以遮蔽了。然而又有的人竟大施其香粉政策以取媚于其腻友，或在社交上博得好声誉。

然而香粉、香水之类的东西是和蜂采蜜一般，从花瓣花蕊里面采出来、榨出来的，究竟不是肉的本味，而是偷来的气味，似乎有些假。

因此我还有一首打油诗送给偷香的贵

人们：

这首打油诗
是作者对一些使
用香粉、香水的
人的调侃。

窃了花香做肉香，

花香一散肉香亡，

剩下油皮和汗汁，

还君一个臭皮囊。

据说气味这东西与心理还有些联络。所以讨厌这个人也讨厌这个人的味，欢喜另一个人也欢喜那个人的味，这是常有的事，而且还有闻着气味而动了食欲或色情的君子呢。

气味这东西真是不可思议了。

在这个年头，气味有时使我们气闷，使我们掩了鼻子不是，不掩鼻子又不是。掩了鼻子有不亲善的嫌疑，不掩鼻子又有人说你的鼻子麻木了、不中用了。

社会上有许多事是臭而又臭，绝没有一些香气，又不是第三种的杂味可以让他飘过去，真是左右难以做人啊！

味——说吃苦

国内有汉奸，国外有强敌，爱国受压

迫，救国遭禁止，在这个年头，我们国民有说不出的苦，有说不尽的苦，这苦真要吃不消了。

在这个苦闷的年头，由不得不想起春秋战国时期那一位报仇雪耻、收复失地的国君——越王勾践。

当时越国被吴国侵略，几至于灭亡，勾践气得要命。他弃了温软的玉床锦被不睡，而去躺在那冷冰冰的、硬生生的、二三十根树枝和柴头搭成的柴床上，皱着眉头、咬着牙关，在那里千思万想，要怎样救亡、怎样雪耻。

勾践想得不可开交的时候，又伸手取下壁上所挂的那一双黑黄色的胆，放在口里尝一尝。不知道是猪胆还是牛胆，大约总有一点儿很难尝的苦味。

这种卧薪尝胆，不忘国难国耻的精神，真是千古不能磨灭。现在我们民族，已到了生死存亡的关头，正是我们举国上下一致共同吃苦的时期，越王勾践发奋救亡图存的史实，不应看作老生常谈，过于平凡，实当奉为民族复兴的警钟，有再提重提的必要。

概述说明，开篇说明当时的国情，引出文章主题。

此处讲述了越王勾践卧薪尝胆的事迹，勾践这样做是为了在逆境中激发出自己的潜力。

越王勾践卧薪尝胆的精神值得我们学习，也需要我们继续弘扬下去。

卧薪尝胆，是要尝目前的苦味，纪念过去的耻辱，努力自救，既以免生将来更大的惨变，复可争回民族固有的健康。

但，对于苦味的意义，我们都还没有一番深切的了解吗？

为什么尝一尝胆的苦味，就会影响国家的危弱呢？

这是因为胆的苦味，触动了舌头上的神经，那神经立刻通知大脑，大脑顿时感到苦的威胁了。由小苦而联想到大苦，由小怨而联想到大怨，由一身的不快而联想到一国的大恨，由局部的受侵害而全民族震撼了。胆的味虽小，但我们民众，个个都抱着尝胆的决心，那力量是不可侮的。

大脑分派出的"感觉神经"，在舌头的肉皮下四面埋伏着。那些神经的最前线，叫作"味蕾（即味蕾）"，是侦察味之消息的前哨。这些味蕾的外层有好几个扁扁平平的普通细胞，内层则由 4 至 20 个有特种职务的细胞，叫作"味细胞"所组成。味蕾不是舌头上处处都有，有的单有一个孤独的味细胞散在各处，也就能知味了。所以味蕾好比一队一队

由舌尖上的苦，联想到人民的苦、国家的苦，这种"苦"是激励人们团结一致，努力自救的关键。

的武装警士，味细胞就好比是单身的便衣侦探了。从口里来往的客货，通通要经过它们的检查盘问呀。

运到口里的客货，大部分都是充为食品，那些食品当中，有好有坏，有美有丑，一经味蕾审查，没有不发觉的。虽然，这也不一定十分靠得住。有时，无味而有毒的物品，也可以混过去。何况有美味的食品，不一定就没有毒。又何况有毒的食品，也可以用甜美的香料来装饰，就如我们中国的敌人，一面步步尺尺侵略，一面还要口口声声亲善。倒是胆的味虽苦而无毒，反可以时时刻刻提醒我们雪耻精神，再接再厉地奋斗。

味的发生，是有味物品和味细胞的胞浆直接接触的结果。

然而干的物品放在干的舌头上面，是没有味的。要发生味的感觉，那物品一定要先变成流体，或受口津的浸润、溶化。这就像民众的爱国观念，须先受民族精神的训练、国际知识的灌溉。没有训练、没有知识的民众，只堪做他人的奴隶、牛马，而不自觉。

味并不是物品所固有，并不是那物品的

拟人，将"味蕾"和"味细胞"比作"武装警士"和"便衣侦探"，生动形象地展现了它们的作用。

将味的发生原理与民众的爱国观念相联系，升华了主题。

化学结构上的一种特性。

味是味细胞的特有情绪，特具感觉，受外物的压迫而发动。

蔗糖、饴糖和糖精三种物品，在化学结构上大不相同，而它们的味，却都是甜甜的。糖精的甜味且 500 倍于蔗糖。

反之，淀粉是与蔗糖一类的东西，反而白白净净，一些味儿都没有。

味又不一定要和外来的物品接触而发生，自家的血液内容若起了特殊的变化，也会和味发生关系。

糖尿病的人，因为血里面的糖太多，有时终日都觉得舌头是甜甜的。

黄疸病的人，因为胆汁无限制地流入血中，因此成天地舌底卧面都觉得是苦苦的。

有的生理学者说，这些手续、这些枝节，都不是绝对必要的。只需用电流来刺激味的神经，也会产生味的感觉。用阳极的电来刺激，就产生酸味；用阴极的电，就产生苦味。

总之，味的感觉，是味细胞潜伏着的特性，不去触动它，是不会发作的。

举例子，通过列举糖尿病人和黄疸病人的味觉感知，说明味是受人体自身血液影响的。

在这一点，味仿佛似一般民众的情绪。不论是国内的汉奸，或本地的土劣，不论是哪里冲来的敌人，东洋还是西洋，谁叫我们大众吃苦头的，谁就激起了大众的公愤，一律要反抗、一律要打倒。

生理学家又说："味的感觉，虽有种种色色，大半不相同，基本的味、单纯的味，只有四种。哪四种？

"一种是糖一般的甜，一种是醋一般的酸，一种是盐一般的咸，一种是胆一般的苦。

"这四种，再加上香、臭、腥、辣、冷、热、油滑或粗糙，味的变化可就无穷了。这些附加的感觉，都不是味，而味的本身却为其所影响，而变成混杂的感觉。"

所以我们若塞着鼻子吃东西，许多杂味都可以消除。许多杂味都是鼻子的感觉，不是我们舌头真正的感觉呀。

孔子在齐国听到了韶乐，有三个月的光阴，不知道肉是什么味。这是乐而忘味，并不是舌头的神经麻木了。舌头的神经，万一麻木，就如舆论不自由，是顶苦的苦情啊！

语言描写，生理学家的话向我们介绍了四种基本的味道，以及其他杂味产生的原因。

纯甜、纯酸、纯咸、纯苦，这四种单纯的味，在舌头上各有各的势力范围，各有各的地盘。舌尖属甜，舌底属咸，舌的两旁属酸，舌根属苦。

生理学者就各依它们的地盘，去测验这四味的发生所需要的刺激力之最小限度。

研究的结果是，每 100 立方毫米的清水里面：

盐，只需放 0.25 克，就觉着咸；

糖，只需放 0.50 克，就觉着甜；

盐酸，只需放 0.007 克，就觉着酸；

鸡纳，只需放 0.00005 克，就觉着苦。

可见我们对于苦，有极大的感觉，我们的舌根，只需极轻微的苦味，已能发觉了。

真的，我们要知苦，还用不着尝胆哩。

这年头，是苦年头，苦上加苦，身家的苦，加上民族的苦。

苦是苦到头了，现在所需要者，是对于苦之意义的认识。要解除苦的羁绊，还是靠我们吃苦的大众，抱着不怕苦的精神，团结起来，努力向前干。

触——清洁的标准

设问，开篇提出问题，激发读者兴趣。

人是什么造成的呢？

生理学家说：人是由血、肉、骨和神经等各种细胞组织而成的。

化学家说，人是碳水化合物、蛋白质、脂肪等配制而成的。更简单点说，人是糖、盐、油及水的混合物。

先生、太太、娘姨、车夫、小姐、少爷、女工，不论是哪一种人、哪一流人，在科学家眼光看去，都是一样耐人寻味的活动试验品，一个个都是科学的玩具。

说到玩具，我记起昨天在一位朋友家里，看见了一个泥美人。这个美人，虽是泥造的，而眉目如生，逼煞真人，也许比我所看见过的真的美人还美一分。泥美人与真美人不同的地方，一是没有生命的泥土，一是有生命的血肉。然而表面的一层皮，都是一样的好看，鲜艳可爱。

对比，此处阐述了泥美人与真美人的不同之处，然而无论是没生命的泥土还是有生命的血肉，视觉上都一样美丽。

记得不久之前，我到"新光"去看《桃花扇》，结束后从戏院里飘出来了一位装束时髦的贵妇人，洋车夫争先恐后地抢上去拉生意。那贵妇人，轻竖蛾眉，装出不耐烦而讨厌的样子，呲的一声，急急地和他后面的一个西装革履的男子，跳上汽车走了。我想，那贵妇人为什么这样讨厌洋车夫呢？恐怕都是外面这一层皮的颜色和气味不同的缘故吧！里面的血肉原是一样的啊！

同是血肉，不幸而为洋车夫，整天奔跑，挣扎一点儿钱，买几块烧饼吃还要养家，哪里有闲工夫天天洗澡，有闲钱买扑身粉，以致汗流污积，臭味远播，使一般贵妇人见而急避。

对比，同样生而为人，洋车夫和贵妇人却过着截然不同的生活。

同是血肉，何幸而为贵妇人，一天玩到晚，消耗丈夫的腰包，涂脂搽粉，香闻十里，使洋车夫敢望而不敢近。

现在让我们细察皮肤的结构，看上面到底有些什么。

皮肤的外层是由无数鱼鳞式的细胞所组成。这些皮肤细胞时时刻刻都在死亡。同时，皮肤的内层，有脂肪腺，时时都在出油，有汗腺，时时出汗。这些死细胞、油、汗，和外界飞来的灰尘相伴，便是细菌最妙的食品。于是细菌，远近来归，都聚集于皮列数字，通过数字告诉读者"白葡萄球菌"是人体皮肤上的主要细菌，虽然它对人体无害，但却会散发难闻的气味。

肤毛孔之间，大吃特吃。

这些细菌里面，最常见的为"白葡萄球菌"，占 90%，每个人的皮肤上都有，这种细菌虽寄食于人，而无害于人，但它的气味，却有一点儿寒酸。

次为"黄葡萄球菌"，占 5%。这种细菌可厉害了。它不甘于老吃皮肤上的污垢，还要侵入皮肤内层，去吃淋巴，被微血管里的白血球看见了，双方一碰头，就打起仗来。于是那人的皮肤上就生出疖子，疖子里面有白色的脓液，脓液就是白血球和"黄葡萄球菌"混战的结果。

其他普通的细菌，如"大肠杆菌""变形杆菌"及"白喉类杆菌"，也有时在皮肤上发现。但是皮肤不是它们的用武之地，不过偶尔来到这里游历而已。

皮肤走了倒运，一旦遇到了凶恶狠毒的病菌，如"丹毒链球菌""麻风杆菌""淋球菌"之类，那就有极大的危险，不是寻常的事了。

我们既不能停止皮肤流汗出油，又不能避免它和外界接触。所以唯一安全的办法，就是天天洗澡。然而天天洗，还是天天脏，细胞还须天天死，细菌还要天天来，何况在夏天，何况不能常洗之人，如洋车夫、小工人等，真是苦了一般体力劳动者了。

虽然，整天在烈日下奔走劳作的劳动者，袒胸露臂，光着两腿，日光就是他们的保障。日光可以杀菌，他们无时不在日光浴，而且劳动不息，肌肉活泼，血液流通，皮肤坚实，抵抗力甚强。这是他们天然健康美，细菌可吃其汗，而不敢吃其血，所以他们身上，汗的气味虽浓，皮肤病则不多见也。

太阳光能杀死皮肤表面的细菌，为劳动者带来健康。

摩登妇女天天洗濯（zhuó），搽了多少粉，喷了多少香，蔻丹胭脂，无所不施，然而她能拒绝细菌不时地吻抱么？而且细菌顶喜欢白嫩而柔弱的肉皮，谓其易于进攻也。于是达官贵人的太太、小姐乃至于姨太太，等等，春天也头痛，秋天也心悸，冬天发烧，夏天发冷了。

这样看来，同是肉皮，何必争贵贱，难道这一层薄薄的皮肤，涂上一些色彩，便算得健康和清洁的标准么？

反问，说明同样都是人，都是血肉之躯，本就没有什么高低贵贱之分。

我们再移转眼光去观察鼻孔、咽喉、口腔以至于胃肠各部的清洁程度。

鼻孔的门户永远开放。整天整夜在那里收纳世界上的灰尘，虽经你洗了又洗，洗去了一丝丝的鼻涕，一下子，灰尘携着成千成万的细菌又回来了。在北平，大风一刮，走沙飞尘，这两个鼻孔，更像两间堆煤栈，犹幸鼻毛是天然的滤斗，把细菌灰尘都挡驾了。这些来拜访的小客人，多半都是"白喉类杆菌"及"白葡萄球菌"。有时来势凶猛，挡不住，被它们冲进去，到了咽喉。

咽喉是入肺的孔道，平时四面都伏有各种细菌，如"八叠球菌""绿链球菌"及"阴性格兰氏球菌"之类。咽喉把守不紧，肺就危险了。

口腔虽开关自主，而一日三餐，说话之间，危机四伏；睡眠之时张开大口，尤为危险。从口腔，经胃肠，至肛门，这一条大道自婴儿呱呱坠地以来，即辟为食品商埠（bù），更进而为细菌殖民地。细菌之扶老携幼，移民来此者摩肩接踵，形形色色，不胜枚举，就中以寄居于大肠里面的"大肠杆菌"为最

比喻，用"煤栈""滤斗"来形容鼻孔和鼻毛，形象地展现了鼻孔和鼻毛阻碍灰尘、细菌的方式。

字词释义，"商埠"指旧时与外国通商的城镇或商业发达的城市。

著名，足迹遍人类之大肠。

这些熙熙攘（răng）攘的细菌，为摩登妇人所看不见、洗不净，不得不施以香粉，喷以香水，以掩其臭。这是车夫工人与达官贵人的共同点。车夫之肠固无二于贵人之肠也，车夫之屎不加臭，贵人之屁不加香。

然而贵人之食过于精美又不劳动而造成胃弱肠痛之病，车夫粗食，其胃甚强。这点贵人又不如车夫了。

贵人、贵妇人等，只讲面子，讲表皮上的漂亮、香甜，而内在的坚实、纯洁却让予车夫、工人了。

字词释义，
"熙熙攘攘"形容人来人往，非常热闹。

科学趣谈：细胞的不死精神

阅读指导

　　细胞是生命的最小最简单的代表，是构成生命的基本单位。细胞可以永生吗？你知道蔡伦造纸的故事吗？破布是怎样"变成"纸的？世界上第一片眼镜是用什么制成的？近视眼镜和远视眼镜的镜片又有什么不同？灰尘是从什么地方来的？让我们一起到书中寻找答案吧。

细胞的不死精神

　　嘀嗒嘀嗒……嘀嗒又嘀嗒。

　　壁上挂钟的声音，不停地摇响，在催着我们过年似的。

大科学家牛顿发现了"万有引力"定律，苹果的坠落、潮涨潮退、星球的转动，这些现象都受地心引力的影响。

　　不会停的啊！若没有环境的阻力，只有地心的吸力，那挂钟的摆摆，将永远在摇摆，永远嘀嗒嘀嗒。

　　苹果落在地上了，江河的潮水一涨一退，天空中星球在转动，也都因为地心的吸力。

　　这是 18 世纪，英国那位大科学家牛顿

先生告诉我们的话。

但，我想，环境虽有阻力，钟的摇摆，虽渐渐不幸而停止了，还可用我的手，再把发条开一开，再把钟摆摆一摆，又嘀嗒嘀嗒地摇响不停了。

再不然，钟的机器坏了，还可以修理的呀！修理不行，还可以拆散改造的呀！

我们这世界，断没有不能改良的坏货。不然，收买旧东西的，便要饿肚皮。

钟摆到底是钟摆，怕的是被古董家买去收藏起来，不怕环境有多么大的阻力，当有再摇再摆的日子。

地心的吸力，环境的阻力，是抵不住，压不倒人类双手和大脑的一齐努力抗战啊。你看，一架一架、各式各样的飞机，不是都不怕地心的吸力，都能远离地面而高飞吗？

这一来，钟摆仍是可以嘀嗒嘀嗒地响不停了。也许因外力的压迫，暂时吞声，然而不断地努力、修理、改造，整个嘀嗒嘀嗒的声音，万不至于绝响的啊！

无生命的钟摆，经人手的一拨再拨，尚且永远不会停止；有生命的东西，为什么就

举例子，人可以通过自己的力量修理好坏掉的钟，环境的阻力是可以克服的。

反问，通过反问句，突出强调人类早已克服地心引力而能在天空飞翔了。

会死亡？究竟有没有永生的可能呢？

死亡与永生，这个切身的问题，大家都还没有得到一个正确的解答。

在这年底难关大战临头的当儿，握着实权的老板掌柜们，奄奄没有一些儿生气，害得我们没头没脑，看见一群强盗来抢，就东逃西躲，没有一个敢出来抵抗，还有人勾结强盗以图分赃哩。真是1935年好容易过去，1936年又不知怎样。不知怎样做人是好，求生不得，求死不能，生死的问题愈加紧迫了。

然而这问题不是悄悄地绝望了。

我们不是坐着等死，科学已指示我们的归路、前途。

我们要在生之中探死，死里求生。

生何以故会生？

生是因为，在天然的适当环境之中，我们有一颗不能不长，不能不分的细胞。

细胞是生命的最小最简单的代表，是生命的起码货色。不论是穷得如细菌或阿米巴，一条性命，也有一粒寒酸的细胞，或富得像树或人一般，一身也不过多拥有几亿细

对比、疑问，通过将无生命的钟摆和有生命的东西进行对比，引发了作者对生死问题的思考。

科学家为我们解答了生死问题，我们要如何"在生之中探死，死里求生"呢？一起看下去吧。

胞罢了。山芋的细胞、红葡萄的细胞，不比老松、老柏的细胞小多少。大象、大鲸的细胞，也不比小鼠、小蚁的细胞大多少。在这生物的一切不平等声浪中，细胞大小肥瘦的相差，总算差强人意吧。

这细胞，不问他是属于哪一位生物，落到适合于他生活的肉汁、血液，或有机的盐水当中，就像磁石碰见着铁粉一般地高兴，尽量去吸收那环境的养料。

吸收养料，就是吃东西，是细胞的第一个本能。吃饱了，会涨大，涨得满满大大的，又嫌自己太笨太重了，于是不得不分身，一分为二。

分身就等于生孩子，是细胞的第二个本能。分身后，身子轻小了一半，食欲又增进了。于是两个细胞一齐吃，吃了再分，分了又吃。

这一来，细胞是一刻比一刻多了。

生物之所以能生存，生命之所以能延续下去，就靠着这能吃能分的细胞。

然而，若一任细胞不停地分下去，由小孩子变成大人，由小块头变成大块头，再大

字词释义，
"差强人意"指大体上还能使人满意（差：稍微）。

用生孩子来形容细胞分身，形象而又通俗地写出了细菌分身的含义。

起来，可不得了，真要变成大人国的巨人，或竟如希腊神话中的擎天巨神，或如佛经中的须弥山王那么大了。

为什么，人一过了青春时期，只见他一天老过一天，不见他一天高大过一天呢？

是不是细胞分得疲乏了，不肯再分呢？有没有哪一天哪一个时辰，细胞突然宣告停业了倒闭了呀？

细胞的靠得住与靠不住，正如银行、商店的靠得住与靠不住，不然，人怎么一饿就瘦，再饿就病，久饿就死呢？不是细胞亏本而招盘吗？那么，给它以无穷雄厚的资源，细胞会不会超过死亡的难关，而达于永生之域呢？

这是一个谜。

这个谜，几十个科学家绞尽了脑汁，好几位生理学者费光了心血，终于是打破了。

1913那一年，有一天，在纽约，在那一所煤油大王洛氏基金所兴建的研究院里，有一位戴着白金眼镜的生理学者葛礼博士，手里拿着一把消毒过的解剖刀，将活活的一只童鸡的心取出。他用轻快的手术，割下一小

疑问，此处就人类生长过程中的固有现象提出问题，吸引读者进一步阅读。

夸张，"绞尽了脑汁""费光了心血"表现出专家学者们为解开这个"谜"所付出的精力之多。

块鲜红的心肌肉，投入丰美的滋养汁中，放在一个明净的玻璃杯里面。他立刻下了一道紧急戒严令，长期不许细菌飞进去捣乱，并且从那天起，时时灌入新鲜的滋养汁，不使那块心肌肉的细胞有一刻饿。

自那天起，那小小一块肉胚，每过了 24 个钟头，就长大了一倍，一直活到现在。

前几年，我在纽约城，参观洛氏研究院，也曾亲见过这活宝贝，那时候已经活了 16 年了，仍在继续增长。

本来，在鸡身内的心肉，只活到一年，就不再长大了。而且，鸡蛋一成了鸡形，那心肉细胞的分身率，就开始退减了。而今这个养在鸡身以外的心肉细胞，竟然已超过了死亡的境界，而达到永生之域了。至少，在人工培养之中，还没有接到它停止分身的消息啊！

葛礼博士这个惊人的实验证实了细胞的伟大。

细胞真可称为仙胞，他有长生不死的精神与力量。只可惜为那死板板的环境所限制。一粒细胞，分身生殖的能力虽无穷，恨

对比，将心肌肉在鸡体内的存活时间和在实验条件下的存活时间进行对比，说明细胞的伟大。

没有一个容纳这无穷之生的躯壳，因而细胞受了委屈，生物都有死亡之祸了。

说到这里，我又记起那寒酸不过，一身只有一粒细胞的细菌。他们那些小伙伴当中，有一位爱吃牛奶的兄弟，叫作"乳酸杆菌"。当他初跳进牛奶瓶里去时，很显出一场威风，几乎把牛奶的精华都吃光了。后来，谁知他吃得过火，起了酸素作用，大煞风景了。因为在酸溜溜的奶汁里，他根本就活不成。

举例子，通过"乳酸杆菌"的例子说明，细菌的繁殖也受环境的影响。

这是怪牛奶瓶太小，酸却集中了。设使牛奶瓶无限大，酸也可以散至"乌有之乡"去。那杆菌也可以生存下去了。

这是细菌的繁殖，也受了环境的限制。

环境限制人身细胞的发展，除了食物和气候而外，要算是形骸（hái）。

字词释义，"形骸"指人的形体。

形骸是人身的架子，架子既经定造好了，就不能再大，不能再小，因而细胞又受着委屈了。

据说限制人身细胞发展的，还有"内分泌"咧。

内分泌，这稀奇的东西，太多了也坏事，

太少了也坏事，我们现在且不必问它。

有人说中国的民族老了，中华民族的内分泌，一半变成汉奸，一半变成不抵抗的弱者，把中国的细胞都搅得粉粉散散了。

中华民族的生存，也和细胞一样，受着环境的威胁了。内有汉奸的捣乱，不抵抗的弱者的牵制，外有强敌的步步压迫，已到了生死存亡的关头了。

然而民族是有不死的精神和斗生的力量的。

中华民族固有的不死精神，和潜伏的斗生力量，消沉到哪里去了？还不跳出来！

我们要打破"由命不由人"这个传统的糊涂意识。科学已指示我们，环境的阻力，可以一一克服。我们民族的命运，还在我们民众自己手里。全体中华民众团结起来，武装起来，奔腾怒吼起来，任何敌人的飞机、大炮都要退避。

就是敌人已经把我们国家拉上断头台去，我们民众还能一声呐喊，大劫法场啦！

用人手一拨，钟摆可以不停。

用人工培养，细胞可以永生。

中华民族也可以像细胞一样，只要打破环境的限制，发扬不死的精神就可以将命运掌握在自己手里。此处升华了文章的主题。

集合民众力量，一致抗敌，自力更生，自力斗生，中国不亡！

纸的故事

一

我们的名字叫作"纤维"，我们生长在植物身上。地球上所有的木材、竹片、棉、麻、稻草、麦秆和芦苇都是我们的家。

我们有很多的用处，其中最大的一个用处，就是能造纸。这个秘密，1800多年以前，就被中国的古人知道了，这是中国古代的伟大发明之一。

在这以前，人们记载文字，有的是刻在石头上，有的是刻在竹简上，有的是刻在木片上，有的是刻在龟甲和兽骨上，有的是铸造在钟鼎彝器上。

到了东汉时期，就有一位聪明的人，名叫蔡伦，他总结了那时候劳动人民丰富的经验，改进了造纸的方法。用纸来记载文字就方便多了。

蔡伦用树皮、麻头、破布和渔网等作原

开篇通过介绍纤维，引出"纸"的主题。

料，这些原料里面都有我们存在。他把这些原料剪碎或切断，浸在水里捣烂成浆。他又用丝线织成网，用竹竿做成筐，做成造纸的模型。他把浆倒在模型里，不断地摇动，使得那些原料变成了一张席，等水都从网里逃光了，就变成了一张纸，再小心地把它拉下，铺在板上，放在太阳光下晒干，或者把它焙（bèi）干，就变成了干的纸张。这就是中国手工造纸的老方法。

此处详细介绍了蔡伦造纸的具体做法，他造的纸享有"蔡侯纸"之称。

纸在中国发明以后，过了1000多年，才由阿拉伯人把它带到欧洲各国。它到过西班牙、意大利、德国和俄罗斯等国，差不多游遍了全世界。造纸的原料沿路都有改变。

普通造纸的方法，都是用木材或破布等作原料。在这些原料里面，都少不了我们，我们是造纸的主要分子。拿一根折断的火柴，再从破布里抽出一根纱，放在放大镜下面看一看，你就可以看出火柴和纱都是我们组织成的。纸就是由我们制成的。你只要撕一片纸，在光亮处细看那毛边，就很容易看出我们的形状。

我们平时在光亮处所看到的纸张的毛边，就是纤维。

二

我们现在讲一个破布变纸的故事给你们听，好吗？这是我们在破布身上亲身经历的事。

有一天，破布被房东太太抛弃了。不久它就被收买烂东西的人捡走，和别的破布一起送到工厂里去。

在工厂里，他们先拿破布来蒸，杀死我们身上的细菌，去掉我们身上的灰尘。工厂里有一种特殊的机器，专用来打灰尘，一天可以弄干净几千斤的破布。随后他们把这干净的破布放在撕布机里，撕得粉碎。为了要把我们身上一切的杂质去掉，他们就把这些布屑放在一个大锅里，和着化学药品一起煮，于是我们被煮烂了。他们又用特殊机器把我们打成浆。他们还有一部大机器，是由许多小机器构成的。纸浆由这一头进去，制成的纸由那一头出来。我们先走进沙箱里，是一个有粗筛底的箱子，哎呀！我们跌了一跤，我们身上的沙，都沉到底下去了。于是我们流进过滤器——是一个有孔的鼓筒，不断地摇动，我们身上的绳结和团块都留在鼓

破布也能制成纸？这也太神奇了吧，一起看下去吧。

生动形象地写出了工厂工人将纸浆送进沙箱，过滤掉沙子的过程。

筒里。于是我们变成了清洁的浆，从孔里漏出来，流到一个网上。最后，我们由网送到布条上，把我们带到一套磙（gǔn）子中间，有些磙子把我们里面的水挤压掉，另有些有热蒸气的磙子，把我们完全烤干。最后我们就变成了一张美丽而大方的纸。这就是机器造纸的方法。

机器造纸的方式更加环保，可以以破布等废料为原料，制成纸张。

这样，我们从破布或其他废料出身，经过科学的改造，变成了有用的纸张。

谈眼镜

拟人，眼镜的作用可真不小，可以为人类的视力提供帮助。

眼镜是玻璃国的公民。很久以来，它一直为人类的视力服务。

一切近视眼和远视眼的人，都离不开它。没有它，就会影响工作和生活，不能正常地看书和写字了。

在眼镜未发明以前，古代的学者，常常因为年老眼花而诉苦。

世界上第一片眼镜——单眼镜，是用绿宝石制成的。公元 1 世纪时，有一位近视眼的罗马皇帝曾用过它，闭上一只眼睛，来观看剑客们的决斗。

这位皇帝死后 1300 年，才出现了真正的眼镜。

这真正的眼镜，是用玻璃水晶制成的。

玻璃水晶和天然水晶一样，是纯洁而透明的物体。但它比天然水晶容易熔化，也容易接受各种加工：吹制、琢磨和雕刻。

有了眼镜以后，人们还不知道怎样戴它才好，有的人把它缝在帽子上头，有的人把它装在铁圈里面，有的人把它镶在皮带上面。

又过了二三百年的时光，这个问题总算解决了。

这是 16 世纪的事。那时候，人们购买眼镜，都到眼镜铺子里去自由选择，并没有经过眼科大夫的检查。

为什么戴眼镜会帮助视力呢？人们还不明白。

首先揭穿这个秘密的人，是德国的天文学家开普勒，他告诉我们，不论是人还是动物，眼睛里面都有一种两面凸起的水晶体。

远视眼的人，这水晶体凸起不够，光线

对比，通过将玻璃与天然水晶进行对比，说明玻璃是制作眼镜的最佳材料。

现在的眼镜通常带有眼镜架，可以将镜片架在耳朵上，佩戴非常方便。

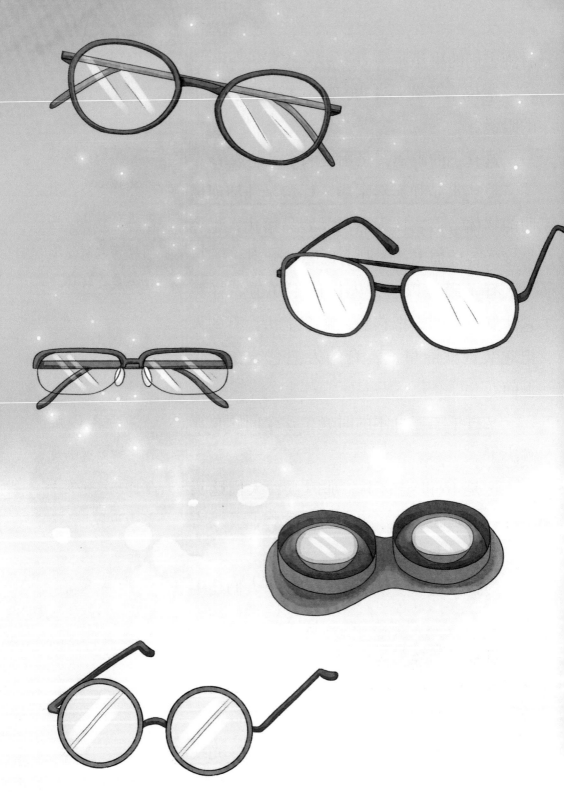

收集不足，因而眼睛看近处的东西都是模糊不清的。所以要给它加上一个两面凸起的玻璃水晶，才能补救这种缺陷。

近视眼的人，恰恰相反，他的水晶体过分凸起，光线过分集中，所以要给它戴上两面凹下去的镜片。

科学的进步，日新月异，眼镜的构造也越来越精巧。今天，已有这样一种眼镜：它没有镜框，也不用架在鼻梁上，实际上它是镶装在眼皮下面、紧贴着眼球的一种镜片。如果你看戴这种眼镜的人，是看不出来的。

眼镜的科学，是真正为人类谋福利的科学。

灰尘的旅行

灰尘是地球上永不疲倦的旅行者，它随着空气的动荡而飘动。

我们周围的空气，从室内到室外，从城市到郊野，从平地到高山，从沙漠到海洋，几乎处处都有它的行踪。真正没有灰尘的空间，只有在实验室里才能制造出来。

远视眼的人要佩戴凸透镜，近视眼的人要佩戴凹透镜。

此处的眼镜指的是隐形眼镜，这篇文章发表于1956年，现在隐形眼镜已经非常普遍了。

在晴朗的天空下，灰尘是看不见的，只有在太阳的光线从百叶窗的隙缝里射进黑暗的房间的时候，才可以清楚地看到无数的灰尘在空中飘舞。大的灰尘肉眼固然可以看得见，小的灰尘比细菌还小。

根据科学家测验的结果，在干燥的日子里，城市街道上的空气，每一立方厘米大约有 10 万粒以上的灰尘；在海洋上空的空气里，每一立方厘米大约有 1000 多粒灰尘；在旷野和高山的空气里，每一立方厘米只有几十粒灰尘；在住宅区的空气里，灰尘则要多得多。

这样多的灰尘在空中游荡着，对气象的变化产生了不小的影响。原来，灰尘还是制造云雾和雨点的小工程师，它们会帮助空气中的水分凝结成云雾和雨点，没有它们，就没有白云在天空遨游，也没有大雨和小雨了。没有它们，在夏天，强烈的日光将直接照射在大地上，使气温无法降低。这是灰尘在自然界的功用。

在宁静的空气里，灰尘开始以不同的速度下落，这样，过了许多日子，就在屋顶上、

列数字，不同的地方，空气中的灰尘含量也各不相同。

此处连用两个"没有……就……"来说明灰尘的重要性。

门窗上、书架上、桌面上和地板上，铺上了一层灰尘。这些灰尘，又会因空气的动荡而上升，风把它们吹送到遥远的地方去。

1883 年，在印度尼西亚的一个岛上，有一座叫作克拉卡托的火山爆发了。在喷发的时候，岛的大部分被炸掉了，最细的火山灰尘上升到 8 万米——比珠穆朗玛峰还高八倍的高空，周游了全世界，而且还停留在高空一年多。这可能是灰尘最高最远的一次旅行了。

灰尘都是从什么地方来的？到底是些什么东西呢？我们可以得到下面一系列的答案：有的是来自山地的岩石的碎屑，有的是来自田野的干燥土末，有的是来自海面的由浪花蒸发后生成的海盐粉末，有的是来自上文所说的火山灰，还有的是来自星际空间的宇宙尘。这些都是天然的灰尘。

还有人工的灰尘，主要是来自烟囱的烟尘。水泥厂、冶金厂、化工厂、陶瓷厂、锯木厂、纺织工厂、呢（ní）绒工厂、面粉工厂等，这些工厂都是灰尘的制造所。

除了这些无机的灰尘以外，还有有机的灰尘。有机的灰尘来自生物的家乡。有的来

举例子，通过列举火山爆发的例子，向读者说明小小的灰尘也可以飞到很高很远的地方。

自植物之家，如花粉、棉絮、柳絮、种子。有的来自动物之家，如皮屑、毛发、鸟羽、蝉翼、虫卵、蛹壳等，还有人畜的粪便。

有许多种灰尘对于人类的生活是有危害性的。自从有机物参加到灰尘的队伍以来，这种危害性就更加严重了。

灰尘的旅行，对人类的生活有什么危害性呢？它们不但会把我们的空气弄脏，还会弄脏我们的房屋、墙壁、家具、衣服以及手上和脸上的皮肤。它们落到车床内部，会使机器的光滑部分磨坏；它们停留在汽缸里面，会使内燃机的活塞发生阻碍；它们还会毁坏我们的工业成品，把它们变成废品。这些还是小事。灰尘里面还夹杂着病菌和病毒，它们是我们健康的最危险的敌人。

灰尘中的病菌和病毒是呼吸道的破坏者，它们会使鼻孔不通、气管发炎、肺部受伤，从而引起流行性感冒、肺炎等传染病。如果在灰尘里混进了结核菌，那就更危险了。所以我们必须禁止随地吐痰。此外，金属的灰尘，特别是铅，会使人中毒；石灰和水泥的灰尘，会损害我们的肺，又会腐蚀我

设问，通过问题引起读者兴趣，灰尘的旅行究竟会造成哪些不良影响呢？一起看下去吧。

们的皮肤；花粉的灰尘会使人发生哮喘病。在这些情况之下，为了抵抗灰尘的进攻，我们必须戴上面具或口罩。最后，灰尘还会引起爆炸，这是严重的事故，必须加以防止。

因此，灰尘必须受人类的监督，不能让它们乱飞乱窜。我们要让洒水车喷洒街道，把城市和工业区变成花园，让每一个工厂都有通风设备和吸尘设备，让一切生产设施和工人都受到严格的保护。

科学家还发明了用高压电流来捕捉灰尘的办法。人类正在努力控制灰尘的旅行，使它们不再成为人类的祸害，而为人类的利益服务。

灰尘为人类带来了许多危害，我们要想办法控制灰尘的旅行，使它们不再危害人类，而为人类造福。